ISSN 0021-1915

15. JAHRGANG · SEITEN 333—368 · BERLIN NOVEMBER 1979

IPRAX 15 15 (11) 333—368 (1979) 32036

RGW-Symposium über die Anwendung von Radioisotopenmethoden in der Industrie, 26.—29. 9. 1978, Leipzig, DDR (Plenarvorträge)

11

isotopenpraxis

EVP 9,— M

AKADEMIE-VERLAG

An unsere Autoren

Die Zeitschrift veröffentlicht Beiträge zu folgenden Themen: Kontrolle und Analyse radioaktiver und stabiler Isotope, Anwendung radioaktiver und stabiler Isotope in allen Gebieten der Forschung und Technik, der Industrie, Landwirtschaft und Medizin, Herstellung radioaktiver und stabiler Isotope sowie von markierten Verbindungen, kernelektronische Geräte für die Isotopenanwendung (Dickenmesser, Dichtemesser u. ä.) Detektoren für isotopentechnische Arbeiten und den Strahlenschutz in Isotopenlaboratorien, Meßtechnik und Strahlenschutz, Dosimetrie in Isotopenlaboratorien, kerntechnische Geräte für die Isotopenanwendung (Betron, Bestrahlungsanlagen u. ä.), Strahlenchemie, Radiochemie, ökonomische und perspektivische Fragen, Fragen der Weiterbildung.

1. Aufnahme von Manuskripten

Zur Veröffentlichung angenommen werden nur druckreife, noch nicht anderweitig publizierte Beiträge in deutscher, englischer oder russischer Sprache zum Themenbereich der Zeitschrift und zwar

- Originalarbeiten
- Kurze Originalmitteilungen
- Aus der Praxis
- Zusammenfassende Berichte
- Tagungsberichte
- Informationen.

Sind der Beitrag oder Teile daraus bereits veröffentlicht oder ist eine anderweitige Veröffentlichung vorgesehen, so muß dies der Redaktion mit genauer Angabe der Zweitveröffentlichung mitgeteilt werden. Mit der Annahme des Manuskriptes behält sich der Verlag das Recht der Vervielfältigung, Verbreitung und Übersetzung innerhalb der gesetzlichen Schutzfrist vor. Auszugsweiser Nachdruck oder photomechanische u. a. Wiedergabe sind an eine schriftliche Genehmigung des Verlages gebunden. Manuskripte, Zeichnungen und Photos von veröffentlichten Arbeiten werden nur auf den besonderen und bis zum Zeitpunkt der Veröffentlichung mitgeteilten Wunsch des Autors zurückgesandt.

Bei der unverlangten Einreichung von Manuskripten wird empfohlen, eine Befürwortung eines der Herausgeber oder Redaktionsausschußmitglieder beizufügen.

Manuskripte sind einzureichen bei der Redaktion, DDR-108 Berlin, Leipziger Str. 3–4.

2. Form der Manuskripte

Die Autoren werden gebeten:

2 Manuskripte, eines davon in Original-Maschinenschrift, einseitig und mit 2zeiligem Abstand einzureichen; gut leserliche Photokopien sind zulässig; auf dem 1. Blatt (unter Weglassung der Bezeichnung)

- den Titel der Arbeit
- Vorname-Initialen und Namen sämtlicher Autoren
- gegebenenfalls die Institution, in der sie tätig sind
- eine kurze Zusammenfassung der Arbeit von höchstens 15 Zeilen
- Keywords in alphabetischer Reihenfolge und
- als Fußnote die Anschrift der Institution anzugeben;

wenn möglich auf gesonderten Blättern Namen, Titel der Arbeit und Zusammenfassung in den beiden anderen obengenannten Sprachen 2fach beizufügen;

Literaturhinweise (fortlaufend numeriert), Fußnoten, Tabellen, Abbildungen (in etwa 2facher Veröffentlichungsgröße), Abbildungsunterschriften (getrennt von den Abbildungen, mit Zeichenerklärungen, Quellenangaben, falls erforderlich, und gegebenenfalls mit einem Vermerk für besondere Wünsche bezüglich der Abbildungsgröße), private und Dienstanschrift der Verfasser mit akademischen Titeln und ausgeschriebenen Vornamen auf besonderen Blättern ans Ende des Manuskriptes zu stellen;

Wünsche für den Kolumnentitel (Seitenüberschrift) bekanntzugeben;

Absätze durch Einzüge von mindestens 3 Anschlägen kenntlich zu machen;

die Maßeinheiten des SI-Systems ("Systéme International") zu verwenden;

Korrekturen im Manuskript unmittelbar an der zu korrigierenden Stelle anzubringen;

Formeln deutlich lesbar und möglichst groß einzutragen;

Farbabbildungen und nachträgliche Änderungen oder Ergänzungen in Abbildungen zu vermeiden;

hervorzuhebende Textstellen zu unterstreichen, und zwar halbfetten Satz mit einer geraden schwarzen Linie, kursiven Satz (Schrägschrift) mit einer blauen Wellenlinie (alle Eigennamen). Sperrungen gestrichelt;

besondere Buchstaben durch farbige Unterstreichung zu kennzeichnen, und zwar Formelzeichen in

- Griechisch-Kursiv (α, β, ...) rot,
- Kursiv (A, B, ...) blau
- halbfetter Kursiv ($\boldsymbol{A}$, $\boldsymbol{B}$, ...) 2 Linien blau (Vektoren),
- halbfetter Grotesk ($\mathbf{A}$, $\mathbf{B}$, ...) 2 Linien violett (Tensoren);

bei Literaturangaben auf Vollständigkeit zu achten. In nachstehender Reihenfolge müssen angegeben sein:

a) bei *Zeitschriften*: Vorname-Initialen und Namen sämtlicher Autoren, Titel der Zeitschrift (nach „Periodica Chimica" oder möglichst wenig gekürzt), Bandnummer (unterstrichen), Jahreszahl (im Klammern), Heftnummer (nur bei Zeitschriften, die jedes Heft mit S. 1 beginnen) sowie die Seitenzahl, auf der die zitierte Arbeit beginnt.

b) bei *Büchern*: Initialen der Vornamen und Name des Autors (Herausgeber werden durch den Zusatz „ed." gekennzeichnet), voll ausgeschriebener Titel des Buches in der Originalsprache, evtl. Bandnummer, voll ausgeschriebener Name des Verlages, Nummer der Auflage (außer der ersten), Erscheinungsort(e), Erscheinungsjahr (hier nicht in Klammern setzen!) und evtl. Kapitelnummer, Seitenzahl u. ä.

c) bei *Sammelbänden, Tagungsberichten*: Es soll zusätzlich der Titel des zitierten Beitrags angegeben werden. Die Seitenzahl muß unbedingt angegeben werden. Aus dem Zitat muß hervorgehen, ob es sich um einen Tagungssammelband oder um einen noch nicht veröffentlichten Vortrag handelt. Zwischen Tagungsort und Erscheinungsort des entsprechenden Tagungsberichts ist zu unterscheiden.

3. Korrekturen

Der Autor erhält zwei Umbruchabzüge, von denen einer möglichst schnell korrigiert an die Redaktion zurückgereicht werden soll. Auf Wunsch des Autors kann die Korrektur auch von der Redaktion gelesen werden.

Durch nachträgliche Manuskriptänderungen verursachte Korrekturkosten gehen, sofern sie 10% der Satzkosten übersteigen zu Lasten des Autors.

Der Autor erhält 50 Sonderdrucke kostenlos. Weitere Sonderdrucke können bis zur Rückgabe der Korrekturabzüge auf Kosten des Autors bei der Redaktion bestellt werden.

Bezugsmöglichkeiten

Bestellungen sind zu richten

- **in der DDR** an den Postzeitungsvertrieb; an eine Buchhandlung oder an den AKADEMIE-VERLAG, DDR-108 Berlin, Leipziger Straße 3–4
- **im sozialistischen Ausland** an eine Buchhandlung für fremdsprachige Literatur oder an den zuständigen Postzeitungsvertrieb
- **in der BRD und Westberlin** an eine Buchhandlung oder an die Auslieferungsstelle KUNST UND WISSEN, Erich Bieber, 7 Stuttgart 1, Wilhelmstraße 4–6
- **in Österreich** an den Globus-Buchvertrieb, 1201 Wien, Höchstädtplatz 3
- **in den übrigen westeuropäischen Ländern** an eine Buchhandlung oder an die Auslieferungsstelle KUNST UND WISSEN, Erich Bieber GmbH, CH-8008 Zürich/Schweiz, Dufourstraße 51
- **im übrigen Ausland** an den Internationalen Buch- und Zeitschriftenhandel; den Buchexport, Volkseigener Außenhandelsbetrieb der Deutschen Demokratischen Republik, DDR-701 Leipzig, Postfach 160, oder an den AKADEMIE-VERLAG, DDR-108 Berlin, Leipziger Straße 3–4

Zeitschrift „Isotopenpraxis"

Herausgeber: Im Auftrag des Akademie-Verlages herausgegeben von Prof. Dr. Justus Mühlenpfordt und Prof. Dr. Carl Friedrich Weiss

Verlag: Akademie-Verlag, DDR-108 Berlin, Leipziger Straße 3–4; Fernruf 2236221 oder 2236229; Telex-Nr. 114420;

Bank: Staatsbank der DDR, Berlin, Kto.-Nr.: 6836-26-20712

Chefredakteur: Dr. Klaus Uhlig, Berlin

Anschrift der Redaktion (Fernruf: 6351177) der Zeitschrift Isotopenpraxis: Akademie-Verlag, DDR-108 Berlin, Leipziger Str. 3–4

Veröffentlicht unter der Lizenznummer 1527 des Presseamtes beim Vorsitzenden des Ministerrates der Deutschen Demokratischen Republik

Gesamtherstellung: VEB Druckerei „Thomas Müntzer", DDR-582 Bad Langensalza

Erscheinungsweise: Die Zeitschrift „Isotopenpraxis" erscheint monatlich. Die 12 Hefte eines Jahrganges bilden einen Band. Bezugspreis je Band 144,– M zuzüglich Versandspesen (Preis für die DDR 108,– M), Preis je Heft 12,– (Preis für die DDR 9,– M)

Bestellnummer dieses Heftes: 1079/15/11

AN (EDV) 12831

ISOTOPENPRAXIS ISSN 0021-1915

Band 15 (1978) Heft 11, S. 333–368

Redaktion und Verlag: Akademie-Verlag, Redaktion Isotopenpraxis, DDR-108 Berlin, Leipziger Straße 3–4

Inhaltsverzeichnis

ISOTOPENPRAXIS

Band **15** (1978) Heft 11, S. **333–368**

Redaktion und Verlag: Akademie-Verlag, Redaktion Isotopenpraxis, DDR-108 Berlin, Leipziger Straße 3–4

Contents

Содержание

Сотрудничество стран-членов СЭВ в области применения ионизирующих излучений в промышленности

В. Аверкиев, Й. Вагнер, Г. Эвальд

(Секретариат СЭВ, Москва)[1]

Анализируется деятельность СЭВ за последние 20 лет в области применения ионизирующих излучений в промышленности. Эта деятельность была направлена в основном на научно-техническое сотрудничество. Предлагаются новые области и формы сотрудничества, которые могли бы быть предметом сотрудничества в 1980—1985 гг.

(F61) INIS DESCRIPTORS:

COMECON; coordinated research programs; industry, ionizing radiations; international cooperation; planning; radioisotopes; reviews

В докладе приведены сведения об основных этапах сотрудничества стран-членов СЭВ в области применения изотопов и источников ионизирующих излучений за последние 20 лет. Освещается деятельность Постоянной Комиссии СЭВ по использованию атомной энергии в мирных целях, в рамках которой было организовано многостороннее научно-техническое сотрудничество стран-членов СЭВ по применению радиоизотопных методов в промышленности.

Развитие работ по производству и практическому применению изотопов и источников ионизирующих излучений в странах-членах СЭВ началось в середине 50-х гг. В этот период с помощью Советского Союза в странах-членах СЭВ создаются исследовательские ядерные центры, изотопные лаборатории, осуществляется подготовка специалистов.

На данном этапе сотрудничество стран-членов СЭВ в области производства и применения изотопов носило характер двустронних контактов, развитие и углубление которых послужило основой и предпосылкой для последующей организации многостороннего сотрудничества.

Следующим важным этапом и началом организации многостороннего научно-технического сотрудничества стран-членов СЭВ в области применения изотопов является создание в 1960 г. Постоянной Комиссии СЭВ по использованию атомной энергии в мирных целях. Уже на первом заседании Комиссия рассмотрела вопрос о наиболее эффективном использовании радиоактивных изотопов в отдельных областях народного хозяйства стран-членов СЭВ.

В 1961 г. в рамках Комиссии была образована Временная рабочая группа № 5 по применению изотопов и ядерных излучений, которая в период своей деятельности с 1962 по 1965 год подготовила серию докладов о наиболее эффективном использовании радиоизотопных методов и приборов в металлургии, машиностроении, геофизике, горнодобывающей, химической, газовой, нефте-перерабатывающей, бумажной, текстильной, кожевенной, пищевой, фармацевтической промышленностях и других отраслях; провела анализ внедрения в эти отрасли народного хозяйства стран-членов СЭВ изотопных методов и приборов, проверенных в производственных условиях; определила перечень методов и приборов, подлежащих производственной проверке; вынесла рекомендации о выделении в заинтересованных странах опытных предприятий для всестороннего испытания радиоизотопных методов и приборов; разработала единую методику для определения экономической эффективности использования радиоактивных изотопов и ядерных излучений.

Деятельность группы в значительной степени способствовала дальнейшему развитию работ по применению изотопов и ядерных излучений в различных отраслях народного хозяйства стран-членов СЭВ, повышению качественного уровня этих работ, расширению сферы использования радиоизотопных методов и приборов, укреплению сотрудничества стран-членов СЭВ в этой области.

Существенный вклад в развитие сотрудничества стран-членов СЭВ в области радиоизотопных средств контроля и управления внесла образованная в рамках Комиссии Рабочая группа по ядерному приборостроению. В период с 1961 по 1972 год этой группой была проделана большая и важная работа по классификации, унификации и стандартизации радиоизотопной аппаратуры, анализу потребностей стран-членов СЭВ в радиоизотопных приборах, подготовке рекомендаций СЭВ по стандартизации и предложений по специализации их производства.

Другой рабочий орган Комиссии — Координационный научно-технический совет по радиационной технике и технологии (КНТС-РТ) с начала своей деятельности (1971 г.) по настоящее время осуществил широкий круг мероприятий по сотрудничеству в области разработки и применения источников ионизирующих излучений. В рамках КНТС-РТ были разработаны нормативно-методические документы, касающиеся терминологии радиационных установок, технических требований к их конструкции, оценке экономической эффективности, санитарных правил устройства и эксплуатации, дозиметрии и т. д. Разработаны конкретные технические предложения об организации в странах-членах СЭВ промышленного производства изделий из радиационно-модифицированной древесины, резинотехнических и полимерных изделий, радиационно-стерилизованных материалов и изделий медицинского назначения.

Ряд работ, связанных с применением ионизирующих излучений в народном хозяйстве стран-членов

[1]) Адрес: SU-121205 Moscow, G-205 Kalinin Prospekt 250

СЭВ, осуществляется в рамках сотрудничества, координируемого Постоянными Комиссиями СЭВ по химической и пищевой промышленности и по сельскому хозяйству.

В приложениях к докладу указаны основные научно-технические мероприятия (приложение I) касающиеся применения радиоизотопных методов в промышленности и изданные в этой области труды и публикации (приложение II).

В конце 1965 г. в связи с успешным выполнением поставленных Комиссией задач Временная рабочая группа № 5 по применению изотопов и ядерных излучений завершила свою работу. По решению Комиссии дальнейшая организация работ в области применения изотопов и ядерных излучений была передана Секретариату СЭВ (отделу по использованию атомной энергии в мирных целях), который в период 1966—1972 гг. проделал большую аналитическую работу по изучению опыта применения в странах-членах СЭВ радиоизотопных методов и технических средств.

Разрабатываемые и используемые методы и приборы были распределены по следующим группам:
- — измерение или контроль уровня жидкостей и сыпучих материалов;
- — измерение веса и толщины проката, жести, фольги, бумаги, тканей, различных покрытий;
- — контроль и блокировка перегрузочных устройств;
- — измерение объемного веса и плотности грунтов, жидкостей и пульп;
- — измерение влажности;
- — анализ состава веществ;
- — каротаж и исследование состояния скважин;
- — дефектоскопия;
- — радиационные процессы;
- — измерение давления газа и сигнализация появления дыма;
- — изучение движения материалов и жидкостей;
- — исследование износа деталей машин, инструментов, футеровки, покрытий и т. д.;
- — исследование механизма технологических процессов в реакторах, печах, мешалках, мельницах и других агрегатах.

В этот период Секретариатом СЭВ были подготовлены материалы и предложения по экономической эффективности использования радиоактивных изотопов и ядерных излучений в странах-членах СЭВ; по новым радиоизотопным методам и приборам, проверенным в производственных условиях или подлежащим разработке и проверке; по формам внедрения изотопных методов в народное хозяйство; по повышению квалификации специалистов в области изотопной и радиационной техники; по расширению обмена опытом и научно-технической информацией; по развитию и углублению сотрудничества в области разработки методов и аппаратуры для эффективного применения в народном хозяйстве стран-членов СЭВ радиоактивных изотопов и ядерных излучений.

В конце 1968 г. Комиссия рассмотрела и представила Исполнительному Комитету Совета подготовленный Секретариатом СЭВ доклад ,,О состояниии и дальнейшем направлении работ по применению радиоактивных изотопов и ядерных излучений в народном хозяйстве стран-членов СЭВ“. В докладе был дан обстоятельный анализ состояния и перспектив развития работ по основным направлениям сотрудничества стран-членов СЭВ в области применения радиоизотопных методов в промышленности, указаны сводные данные о количестве выпускаемых и применяемых приборов, а также сведения об экономической эффективности их использования.

В этот период сотрудничество стран-членов СЭВ по применению изотопов и ядерных излучений осуществлялось в следующих областях:
- — радиохимия (ВНР, ГДР, СССР, ЧССР);
- — применение изотопов в нефтяной промышленности (ВНР, ГДР, СССР);
- — обнаружение неметаллических включений в стали (ВНР, ГДР, ПНР, ЧССР);
- — анализ состава вещества методами поглощения и рассеяния излучения (ГДР, ПНР, СССР, ЧССР);
- — специальные проблемы измерения толщины (ГДР, СССР, ЧССР);
- — обнаружение усадочных раковин в прокате (ПНР, ЧССР);
- — радиационная модификация текстильных материалов (ГДР, СССР).

В докладе были указаны следующие перспективные направления дальнейшего сотрудничества:
- — применение радиоизотопных приборов для технологического контроля;
- — промышленная радиография;
- — применение метода меченых атомов;
- — использование радиационных процессов;
- — аппаратура ядерной физики;
- — радиоизотопные приборы и аппаратура.

Научно-техническое сотрудничество стран-членов СЭВ в области применения изотопов и ядерных излучений осуществлялось в этот период (1965—1970гг.) в рамках Комиссии по специальному плану координации научных и технических исследований, который включал в себе три темы:

А — Радиометрические методы быстрого химического анализа — страна-организатор ПНР;

Б — применение радиоизотопов в строительстве, гидростроительстве, гидрологии и гидрогеологии — страна-организатор ЧССР;

В — разработка методов и технических требований для создания установок визуального ионизатционного контроля изделий, отливок и сварных швов — страна-организатор ГДР.

Секретариат СЭВ систематически обобщал и анализировал результаты этого сотрудничества и информировал об этом страны-члены СЭВ. В декабре 1972 г. Секретариат СЭВ подготовил информацию о деятельности органов СЭВ в области применения изотопов и ионизирующих излучений в различных отраслях народного хозяйства стран-членов СЭВ.

Период 1971—1973 гг. можно охарактеризовать как определенного рода переломный этап в развитии сотрудничества по применению изотопов и ядерных излучений. К этому времени равитие работ в данной области в странах-членах СЭВ принимало все более и более отраслевой характер. В результате сотрудничества в рамках Комиссии существенно расширилась сфера применения радиоизотопных методов и приборов в промышленности стран-членов СЭВ. Отрасли народного хозяйства, в которые были внедрены новые методы и приборы, освоились с изотопной техникой и стали применять ее самостоятельно. Необходимость в координации этих работ в рамках Комиссии постепенно отпадает.

В это же время по инициативе Комиссии было создано Международное хозяйственное объединение по ядерному приборостроению ,,Интератоминструмент" (МХО ИАИ), в задачи которого вошел, в частности, ряд вопросов применения радиоизотопных приборов.

МХО ,,Интератоминструмент" с 1974 г. по договорам с организациями-членами ИАИ провел важную работу по внедрению в промышленность стран-членов СЭВ ряда радиоизотопных методов и приборов.

В качестве таких приборов следует указать уровномеры пульпы во флотационных аппаратах и измерители объемного веса сыпучих материалов, разработанные в НРБ; система контроля герметичность коммуникационных кабелей (ПНР); противопожарные измерители (ЧССР).

МХО ИАИ демонстрировал эти приборы в других странах-членах СЭВ и выявлял потребность этих стран в указанных приборах с целью определения объемов производства, поставок и внедрения.

В связи с этим Комиссия в ноябре 1973 г. принимает решение о целесообразности координации и увязки работ в области применения изотопов и ионизирующих излучений в рабочем порядке.

Таким образом, с 1973 г. по настоящее время многостороннее научно-техническое сотрудничество по применению изотопов и ионизирующих излучений в рамках Комиссии не осуществляется.

Исключение составляет область применения радиоизотопных методов в металлургии, где по предложению делегации ЧССР с 1976 г. осуществляется координация многостороннего сотурдничества в рамках Комиссии.

Между тем, за истекший период был разработан ряд новых методов и путей применения радиоизотопов и ионизирующих излучений. появились области их использования. Некоторые важные народнохозяйственные проблемы могут быть успешно решены с помощью радиоизотопной техники, но это потребует совместных усилий стран-членов СЭВ, то есть многостороннего сотрудничества.

Поэтому делегация ВНР представила на 32 заседание Комиссии (июнь 1977 г.) доклад ,,О возможных направлениях использования радиоизотопов и ионизирующих излучений в промышленности", в котором содержатся предложения о возобновлении многостороннего сотрудничества стран-членов СЭВ по применению изотопов и ионизирующих излучений в рамках Комиссии.

С целью анализа состояния и тенденций развития работ в данной области, выявления наиболее перспективных направлений сотрудничества и разработки соответствующих предложений по его организации делегация ГДР внесла предложение провести симпозиум специалистов стран-членов СЭВ по применению радиоизотопных методов в промышленности, включая средства контроля и управления.

Предполагалось, что на симпозиуме будет представлено около 50 докладов и участие в нем примет 60—80 специалистов. Симпозиум, однако, вызвал исключительно большой интерес в странах-членах СЭВ. На него представлено 155 докладов и участвует в нем свыше 200 специалистов.

Представленные на симпозиуме материалы охватывают широкий круг ворпосов в области разработки и применения радиоизотопных методов и аппаратуры в промышленности и свидетельствуют о целесообразности организации многостороннего сотрудничества стран-членов СЭВ в этой области.

По мнению Секретариата СЭВ такое сотрудничество должно быть возобновлено в рамках Постоянной Комиссии СЭВ по использованию атомной энергии в мирных целях и увязано с деятельностью МХО ,,Интератоминструмент" и отраслевых органов СЭВ.

В связи с этим, в итоговом документе Симпозиума должны найти отражение предложения по конкретным направлениям и содержанию сотрудничества, примерным объемам, срокам, результатам и распределению между странами, а также возможным формам сотрудничества.

По решению 32 и 34 заседаний Комиссии КНТС-РТ разрабатывает на основе предложений делегаций стран проект Программы научно-технического сотрудничества стран-членов СЭВ в области радиационной техники и средств контроля веществ и материалов для промышленного применения.

Первый предварительный вариант указан в приложении III. Темы, указанные в проект включают как методические работы, так и разработку опытных образцов установок и приборов.

Поступила в редакцию 5/VI, 1979г.

Приложение I.

Перечень научно-технических конференций и симпозиумов в области применения радиоизотопных методов в промышленности, проведенных в рамках ПК СЭВ Атомэнерго в 1960—1978гг.

1. Радиоизотопные приборы, транзисторные узлы и приборы ядерной техники (СРР, октябрь 1963 г.)
2. Применение радиоактивных изотопов в горнодобывающей промышленности и геофизике (НБР, июнь 1964 г.)
3. Ускорители и мощные радиационные установки (СССР, октябрь 1966 г.)
4. Аппаратура для активационного анализа (ВНР, октябрь 1968 г.)
5. Использование метода меченых атомов для совершенствования технологических процессов и применение ядерно-физических методов анализа состава вещества [ПНР, ноябрь 1968 г.)
6. Методы и аппаратура длк неразрушающего дефектоскопического контроля с использованием ядерных излучений (ПНР, июнь 1970 г.)
7. Радиоизотопные приборы и аппараты для радиоизотопных лабораторий, дозиметры и детекторы ионизирующих излучений (ГДР, сентярбь 1970 г.)
8. Внедрение радиационных установок и радиационной технологии (ВНР, октярбь 1972 г.)
9. Радиационная стерилизация медицинских изделий (СССР, октябрь 1972 г.)
10. Радиационная обработка пищевых и сельскохозяйственных продуктов (НРБ, октябрь 1973 г.)
11. Радиационная графт-полимеризация (СССР, сентябрь 1974 г.)
12. Применение радиоизотопных методов в металлургии (ЧССР, апрель 1975 г.)
13. Симпозиум по научным вопросам радиационной стерилизации лекарственных средств (ЧССР, апрель 1975 г.)
14. Симпозиум по вопросам радиационно-химического моидфицирования полимерных материалов (ПНР, сентябрь 1977 г.)

15. Симпозиум по применению радиоизотопных методов в промышленности, включая средства контроля и управления (ГДР, сентрябрь 1978 г.)

Приложение II.

Перечень изданных материалов и трудов ПК атомэнерго в области применения радиоизотопных методов в промышленности в 1960—1978 гг.

1. Доклад о наиболее эффективном использовании радиоактивных методов и приборов, проверенных в производственных условиях в металлургической и машиностроительной промышленности, представляющих интерес для большинства стран-членов СЭВ (1962 г.).
2. Доклад о наиболее эффективном использовании радиоактивных методов и приборов, проверенных в производственных условиях в геофизике и горнодобывающей промышленности, представляющих интерес для большинства стран-членов СЭВ (1962 г.)
3. Доклад о наиболее эффективных применениях радиоизотопных методов и приборов в химической промышленности (1963 г.).
4. Единая методика для определения экономической эффективности использования радиоактивных изотопов и ядерных излучений (Москва, 1963 г.).
5. Доклад о наиболее эффективных применениях радиоизотопных методов и приборов в промышленности строительных материалов, строительстве и гидростроительстве (1964 г.).
6. Доклад о применении наиболее эффективных радиоизотопных методов и приборов в газо-, нефтедобывающей и нефтеперерабатывающей промышленности, а также при транспортировке нефти и газа (1965 г.).
7. Доклад о применении радиоактивных изотопов и ядерных излучений в бумажной, текстильной и кожевенной промышленности (1965 г.).
8. Доклад о применении радиоактивных изотопов и ядерных излучений в пищевой и фармацевтической промышленности (1965 г.).
9. Информация об экономической эффективности использования радиоактивных изотопов и ядерных излучений в странах-членах СЭВ (Москва, 1966 г.).
10. Информация о новых радиоактивных методах и приборах. проверенных в производственных условиях или подлежащих разработке в странах-членах СЭВ (по сведениям, поступившим в отдел в 1966 и 1967 гг.).
11. Сборник докладов совещания специалистов по использованию методов импульсного нейтронного каротажа с применением генераторов нейтронов в геофизике и нефтедобывающей промышленности (г. Октябрьский, 1967 г.).
12. Сборник докладов научно-технической конференции по аппаратуре для активационного анализа (Будапешт, 1968 г.).
13. Информация о новых радиоизотопных методах и приборах, проверенных в производственных условиях или подлежащих разработке и проверке в странах-членах СЭВ (по сведениям, поступившим в отдел в 1968 г.).
14. Сборник докладов симпозиума по использованию методов меченых атомов для совершенствования технологических процессов производства и применению ядерно-физических методов анализа состава вещества (Познань, 1968 г.).
15. Доклад о состоянии и дальнейшем направлении работ по применению радиоактивных изотопов и ядерных излучений в народном хозяйстве стран-членов СЭВ (1968 г.).
16. Доклад о состоянии и дальнейшем направлении работ по применению радиоактивных изотопов и ядерных излучений в народном хозяйстве стран-членов СЭВ (Москва 1969 г.).
17. Каталог радиоизотопных приборов, выпускаемых и находящихся в разработке в странах-членах СЭВ (1969 г.).
18. Труды конференции ,,Развитие ядерного и изотопного приборостроения'' в двух частях (Москва, 1970 г.).
19. Сборник докладов симпозиума: ,,Методы и аппаратура для неразрушающего дефектоскопического контроля с использованием ядерного излучения'' (Закопане, 1970 г.).
20. Труды конференции (ГДР, сентябрь 1970 г.) ,,Радиоизотопные приборы и аппаратура для радиоизотопных лабораторий'' в трех томах (Дрезден, 1971 г.).
21. Доклад об организации промышленного производства радиационно-сшитых материалов и изделий (1971 г.).
22. Доклад об организации в производственных масштабах радиационной обработки пищевых и сельскохозяйственных продуктов (1972 г.).
23. Информация о деятельности органов СЭВ в области применения изотопов и ионизирующих излучений в различных отраслях народного хозяйства стран-членов СЭВ (Москва, 1972 г.).
24. Доклад об организации в производственных масштабах радиационной обработки пищевых и сельскохозяйственных продуктов (Москва, 1972 г.).
25. Сборник докладов конференции (Будапешт, октябрь 1972 г.) по вопросам внедрения радиационных установок и радиационной технологии (Будапешт, 1973 г.).
26. Мероприятия по внедрению метода радиационной обработки пищевых и сельскохозяйственных продуктов (1973 г.).
27. Доклад о промышленной реализации процессов радиационного получения древесно-пластических материалов (1972 г.).
28. Доклад о промышленной реализации процессов радиационной стерилизации медицинских изделий (Москва, 1973 г.).
29. Свод правил, регламентирующих проведение в странах-членах СЭВ радиационной стерилизации материалов и изделий медицинского назначения (Москва, 1973 г.).
30. Сборник докладов симпозиума (октябрь 1973 г., НРБ) по радиационной обработке пищевых и сельскохозяйственных продуктов (НРБ, София, 1974 г.
31. Общие медико-технические требования на полимерные материалы, из которых изготовляются изделия, контактирующие с кровью и кровозаменителями (Москва, 1974 г.).

32. Сборник докладов симпозиума (ЧССР, 1975 г.) по радиационной стерилизации лекарственных средств (Прага, 1976 г.).

33. Единые санитарные правила устройства и эксплуатации мощных радиоизотопных гамма-установок (Москва, 1975 г.).

34. Сборник докладов симпозиума (ЧССР, апрель 1975 г.) по радиозиотопным методам в металлургии (Прага, 1976 г.).

35. Методические рекомендации по дозиметрии радиационно-технологических установок с радиоизотопными источниками гамма-излучения (Москва 1976 г.).

36. Единые санитарные правила размещения и эксплуатации радиационно-технологических установок с ускорителями электронов (Москва, 1977 г.).

Приложение III.

Проект направлений и тем научно-технического сотрудничества стран-членов СЭВ в области радиационной техники и средства контроля веществ и материалов для промышленного применения, составленный на основе предложений делегаций стран в ПК атомэнерго
(по решению 32 и 34 заседаний ПК атомэнерго)

I. Разработка комплекса радиационно-технологических установок и выработка рекомендаций по их промышленному производству и эксплуатации

I.1. Установка для рад. модифицирования рулонированных материалов (тканей, стекло-пластинков, кожевенных изделий) с ускорителем электронов

I.2. Гамма-установка для получения полимерных материалов и изделий из радиационно-модифицированной древесины

I.3. Гамма-установка для радиационной стерилизации медицинских изделий

I.4. Установка для радиационной очистки коммунальных и промышленных сточных вод

II. Методы и аппаратура контроля состава веществ и материалов и управления технологическими процессами и выработка рекомендаций по промышленному производству

II.1. *Радиометрический анализ состава веществ*

II.1.1. Промышленные и цифровые рентгенофлюоресцентные анализаторы состава веществ

II.1.2. Нейтронные промышленные влагомеры

II.1.3. Нейтронные измерители концентрации серной кислоты

II.2. *Радиационная дефектоскопия*

II.2.1. Установка для нейтронно-радиографического контроля узлов и деталей ядерно-энергетических систем

II.2.2. Методы и средства радиационного неразрушающего контроля материалов в изделиях

II.3. *Другие средства для контроля и управления технологическими процессами*

II.3.1. Радиоактивные индикаторы в промышленности для комплексного анализа технологических процессов в области химии и для электроэнергии

II.3.2. Состав и применение радиоизотопных лабораторий в промышленности

II.3.3. Промышленные плотномеры и комбинированные плотномеры — влагомеры

II.3.4. Радиоизотопные конвейерные весы с шириной 2400 мм

III. Ускорители электронов

III.1. Линейный ускоритель со стоящей волной с энергией 4—5 МэВ и средней мощностью в пучке 20—30 КВт для радиационно-технологических установок

III.2 Линейный ускоритель со стоящей волной с энергией 4 МэВ и мощностью дозы 800—900 Рад/мин для национальной дефектоскопии.

III.3. Автоматическая установка для определения изодов электронных пучков и гамма-излучений для промышленных радиационных установок.

III.4. Расчеты биологической защиты для ускорителей электронов в области энергии 4—20 МэВ.

Применение методов радиоизотопной индикации в Венгрии

И. Амбро[1]), *Й. Хирлинг*[2])

([1]) Н. И. И. Химической промышленности, г. Веспрем, ВНР; [2]) Институт Изотопов Венгерской академии наук, Будапешт, ВНР)

Применение метода радиоизотопной индикации в нескольких отраслях промышленности стало регулярным. Другими методами нельзя было бы достигнуть ряда результатов. В прошедшие десять лет во многих отраслях, в том числе в металлургии, в машиностроении, в строительстве, планомерные работы были проведены в рамках центральных, комплексных, программ по применению изотопов. В последнее время применение методов радиоизотопной индикации связывалось с главными наптравлениями исследований, выдвинутыми правительством и другими ведомствами, и все теснее примыкает к перспективным планам развития народного хозяйства в таких отраслях, как глиноземное производство, исследования по защите растений, развитие пластмассовых структурных материалов и пр., а также способствует реализации таких капитальных вложений общегосударственной важности, как построение атомной электростанции, поливинилхлорвинилового завода и подготовление реконструкции в металлургии.

(D22; D24) INIS DESCRIPTORS:

coordinated research programs; economic policy; Hungary; industry; planning; radioisotopes; reviews; tracer techniques

Развитие метода радиоизотопной индикации в Венгрии можно разделить на три этапа.

На первом этапе до 1968 года развитие осуществилось благодаря центральному государственному финансированию. Лаборатории по применению методики, их оборудование, измерительная аппаратура, обучение кадров и даже поставки радиоактивных веществ и финансирование исследовательских работ осуществилось за счёт государственных средств. Выбор области применения был чаще всего случайным и служил лишь испытанию самого метода. Однако то обстоятельство, что исследования выполнились на предприятиях в виде „бесплатной службы" и предприятия несли малую ответственность за правильный выбор области применения радиоизотопной индикации, отрицательно сказывалось на эффективности этих работ. Большинство исследований было направлено на решение простых задач, которые практически во всех случаях были решены с большой достоверностью, используя простую по настоящим понятиям измерительную технику. Таким образом, большое число специалистов в различных отраслях промышленности имело возможность ознакомиться с достоинствами метода, что легло в основе последующего распространения радиоизотопной индикации. В этот период лишь одно необоснованное или безуспешное исследование было достаточно для десятилетнего заторможения радиоизотопной техники в данной области. По всей вероятности так же обстоит дело и теперь, но об этом можно будет судить только через многие годы.

Началом второго этапа следует считать введение нового экономического механизма в Венгрии. С этого времени выбор областей применения методики и её финасирование обосновывались на договорах. Облегчающим этот переход фактором являлись т. н. целевые программы по применению радиоизотопов, разработанные и выполненные отдельными министерствами. Программы финансировались в это время частично предприятием-заказчиком, частично вышестоящим министерством. Для капитальных вложений, связанных с программами давал целевую субвенцию Государственный комитет по атомной энергии. Целевые программы по применению радиоизотопной техники преследовали реальные цели и были особенно хорошо обдуманы в смысле создания материальной заинтересованности предприятий в их безукоризненном выполнении, что, в последствии, привело к значительным народно-хозяйственным результатам. Благодаря этому, большинство предприятий, участвовавших в этих программах, в последствии стало регулярным или периодическим потребителем радиоактивных изотопов.

Третий этап развития началось в 1975 году, когда всякая центральная субвенция как в отношении изотопов так и в отношении методик была отменена и применение радиоизотопов полностью переведена на хозяйственный расчет.

В то же время сохранили свою важность исследовательские целевые программы (напр. в машинстроительной технологии и в пищевом хозяйстве), выдвинутые на правительственном уровне, а также Академией наук и министерствами.

Выросла доля комплексных задач и договоров относительно перспективных исследовательских поручений, требующих научной углубленности. Значительная часть поручений реализуется теперь уже по инициативе предприятий или в рамках программ, выдвинутых вышестоящими органами.

Некоторые опыты развития техники радиоизотопной индикации в Венгрии

На основании почти двадцатилетнего опыта двух институтов, работающих в области радиоизотопной индикации, можно сделать некоторые общие выводы, иллюстрированные примерами и освещающие перспективы данной области.

[2]) Адрес: H-1525 Budapest, Postfach 77, Ungarn

Что касается характера исследований, на передний план вышло решение комплексных задач по регулированию процессов главным образом междисциплинарного характера.

Динамические исследования по процессам и аппаратам химической промышшленности распространялись на изучение гидродинамических и транспортных процессов танкерных реакторов, насадесных колонн, трубчатых реакторов и экстракторов центробежного действия, реакторов для полимеризации различных гидравлических объектов и других аппаратов [1—12].

Описание радиоизотопной импульсной метки с помощью иголчатой функции Дирака позволило изучение осевой и радиальной дисперсии, которая в свою очередь определяает характер потока и различные транспортные параметры (число тарелок, число экстракционных ступеней и т. д.) как в ламинарном, так и в переходном и турбулентном режиме).

В рамках этих работ осуществились улавливание мышяка из промыленных сточных вод на ионитовых колоннах [13], определение сорбционных распределений редких [14, 15] и цветных [16] металлов сточных вод на ионообменных смолах, содержащих различные обменные группы (комплексообразователи, амидооксимы, фосфиноксиды, амино-поликарбоновые кислоты).

Было изучено, например, распределение иттрия(III) в разных экстракционных системах типа жидкость-жидкость между концентрированной азотной кислотой и высококонцентрированными растворами нитратов, а также фосфорно-кислых эфиров, что имеет определенный интерес в переработке отработавших твэлов [17]. При этом были определены и комплексные соединения, образующиеся при различных концентрациях кислот и солей.

Также в рамках работ по жидкостной экстракции разработали применение помимо фосфорно-кислотных эфиров и других типов верзатичных кислот для выделения цветных металлов из сточных вод [18, 19].

С повышением чувствительности ядерных измерительных приборов с распространением сбора и переработки данных с помощью электронно-вычислительных машин, а также с развитием все более тонких методов исследований удалось успешно изучить все большие по габаритам технологические узлы.

На одном химическом заводе удалось с помощью $^{24}NaBr$-ной метки и ночным фотографированием освещенных поплавков выяснить гидродинамические условия, времена пребывания, расположение мертвых пространств и коротких замыканий в 100000 кубометровых бассейнах для очистки сточных вод. На основании результатов именно этих гидравлических исследований усовершенствовалась система подачи стоков у новых, строящихся бассейнов-очистителей [20].

Применение радиоизотопной индикации позволило отрегулировать работу климатической аппаратуры в 30000 $м^3$-ом цехе прецизионных станков. Для этой цели подали в атмосферу цеха радиоактивный ксенон. Определение и отрегулирование осуществились измерением радиоактивности воздуха на распределительных решетках. Подобные исследования провелись в большом, современном театральном зале, где весьма малые местные скорости и направления движения воздуха можно было определить во многих точках только при помощи очень чувствительных максвеллметров [21].

Кроме радиоизотопных индикаторов удалось использовать для того, чтобы следить за движением больших масс вещества также и элементы, имеющие большое сечение нейтронной активации или естественную радиоактивность.

Сжиганием нерадиоактивного нафтената диспрозия, выпусканием продуктов сгорания через трубу в атмосферу и сбором осадков диспрозиа на поверхности земли с последующим определением количества собранных проб, удалось выяснить распределение на поверхности загрязнений, выброшенных через трубу, если она не слишком высока. Количество диспрозиевого осадка в пробах определялось нейтронной активацией. Усовершенствование этого метода продолжается и в настоящее время [22].

Измерение естественной радиоактивности изотопов радиа-226 и тория-229 в золах, добавляемых к цементным продуктам, позволило определить их распределение между цементом, цементной мукой, продуктом ,,байпасс" и летучей пылью [23].

Что касается мечения больших количеств цемента и расплавленной стали, об этом наши сотрудники будут читать отдельный доклад на настоящем симпозиуме.

Правительственная программа и осуществление индустриализации технологи пищевого хохяйства выдвинули на передний план исследование биологически актвиных соединений и связанные с ним методы радиоизотопной индикации.

Освоением измерения мягких бета-излучателей при помощи жидкостной сцинтиграфии и тонкослойной хроматографии удалось выяснить метаболизм разных систематических фунгицидов, так например, транслокалицию и метаболизм (6-^{14}C)-карбоксина в растениях *Phazeolus vulgáris* [24, 25] и *Datura innoxia* [26]. В последнем растении можно было установить влияние на спектр содержимых алкалоидов. При этом выяснилось, что соотношение содержаний скополамина гиосциамину зависит от качества средства защиты растений.

В отдельных случаях необходимые меченые молекулы удалось поличить биохимическим путём. Так например, для синтеза скополамина и гиосциамина, меченых углеродом-14, подали к корням растения раствор удобрения, содержащий ацетата натрия с меткой углерод-14 с последующим разделением меченого ацетата высокой удельной активности от образованных радиоактивных скополамина и гиосциамина с помощью тонкослойной хроматографии [27].

Подобные результаты были получены при изучении фунгицидного действия (2-^{14}C)-этиримоля на огурце (*Cucumis sativus*) в качестве пробного растения и на растении, зараженном мучнистой росой (*Sohaerotheca fuliginea* [28]. За попадением в растения и перемещением в них защитных средств использовались и авторадиографические методы.

Для изучения кинетики принятия и усвоения фосфора и калия растениями из различных компонентов удобрений применялись изотопы фосфор-32 и рубидий-86. При этом для наблюдения за мечеными атомами использовали не только авторадиографию, но разработали новый метод определения жестких бета-излучателей в пробах растений, основывающийся на черенковском излучении. Последний метод имеет особое значение при массовом определении больших серий проб [29, 30].

Были достигнуты хорошие результаты по интенсификации фотосинтетической фиксации двуокиси углерода в случаях удобрения АРАГОНИТ на листьях фасоля [31], применения бензимидазоля и его соединений на листьях люцерны и кукурузы [32], изучения действия хлоридов в зависимости от присутствия катионов на листьях фасоля [33], заражения винограда хромомозаичной и листьев винограда желто-мозаичной вирусовыми болезнями [34]. С помощью метки стабильных изотопов азота можно было показать, что в ранней стадии вегетативного развития в белковой фракции листьев пшеницы БЕЗОСТАЯ-I больше азота накапливается из аммиачной формы, чем из нитратной [35]. Этим подтвердилься тот предыдущий опыт, что азот в виде карбамида значительно больше повышает урожайность, чем азот в виде нитрата.

Методом радиометрического энзимного торможения удалось определить в водной фазе остатки фосфорнокислых эфиров ниже 10^{-6} доли. Нижние пределы определимости могут быть снижены на несколько порядков повышением времени выдержки, обогащением проб экстракцией и, в случае тиофосфорнокислых эфиров, окислением [36].

Наши стремления направлены главным образом на расширение методов исследования биологически активных соединений. В связи с этим мы намерены разработать синтез и применение молекул средств для защиты растений, меченых радиоактивными изотопами, а также ядерно-химические методы разделения и идентифицирования их метаболитов с тем, чтобы расширить спектр методов анализа ядерно-техническими и сделать их пригодными для массовых определений.

Потребность в исследованиях методом радиоизотопной индикации и экономическая оцениваемость эффективности этих исследований могут меняться в широких пределах в зависимости от технического уровня предприятия, заказчика исследований.

Поручения от предприятий высокого технического уровня характеризуются высокой определенностью и конкретностью. Такие задачи могут быть решены только высоким технологическим уровнем, целеустремленностью и применением и других ядерно-технических методов. Такие темы могут быть успешно разработаны, как правило, только за более длительный период и услубленной научной работой; они часто принадлежат к главным, государственно-выделенным направлениям научно-исследовательских задач. Такой перспективной темой является радиоизотопное изучение поведения пластмассовых деталей, заменяющих металлиечские конструкционные материалы в виде зубчатых колес, подшипников скольжения и т. п. При этом определяется их срок службы в зависимости от состава, механической и термической стойкости, вида обработки поверхности (термической обработки, гладкости и т. д.) контактирующих с пластмассой стальных деталей (нап. осей). При этом основные данные, необходимые для конструктивного оформления этих деталей, были определены помимо традиционных материалов и для пластмасс, модифицированных ядерным облучением и нанесенных методом порошковой металлургии [37, 38].

По поручению довольно развитой в Венгрии электротехнической и электронной промышленности довольно длительное время изучается радиоизотопной индикацией электрическая эрозия контактов сильных и слабых токов. В рамках этих исследований рассмотрели ряд пар контактных материалов, в том числе благородных металлов путем большого числа включений и выключений. Можно было измерить скорость их убывания в зависимости от электрических параметров и изучением распределения металлических частиц в контактных устройствах и морфологии этих частиц удалось снизить опасность электрического пробоя [39, 401].

Уже почти десять лет практикуется на хлорных заводах определение количества ртути, циркулирующей в электрической ячейке, с помощью изотопа ртути-203 методом изотопного разбавления. Этим способом можно избежать необходимости отключения ячейки и спуска ртути с последующим её взвешиванием. Кроме того, изотопный метод значительно более надежный [41].

Менее развитые предприятия дают обычно поручение на разовые, краткосрочные исследования вместо более долгосрочных, систематических и комплексных исследовательских работ. Они обычно заинтересованы в выяснении какой-нибудь технологической ошибки или скрытой ошибки приозводственного оборудования, которые помимо снижения приозводства могут быть очень нежелательны с точки зрения техники безопасности. Иногда именно в этих случаях можно найти выгодную область применения того или иного хорошего изотопного метода.

По нашим обширным опытам, вместо того, чтобы опубликовать заводской „диагноз", то есть экономические и технологические результаты этих исследований, руководители предприятий просят специалистов не опубликовать данных подобно тому, как врачи должны соблюдать секретность диагнозов. Эта просьба тем менее понята, что за раскрытый недостаток или отклонение от оптимума никого нельзя было привлекать к ответственности, так как неизотопным методом никак нельзя было их раскрыть. Эти случаи, имеющие место и в настоящее время, мы сознательно иллюстрируем примерами десятилетней давности.

На одном из консервных заводов, как это выяснилось из результатов изотопных исследований, примерно один микролитр слабо загрязненной охлаждающей воды через резиновое уплотнение попал в банку вследствие чего продукт через несколько месяцев испортился. Эту ошибку другим методом нельзя было раскрыть. Изменением технологии закупирования удалось ликвидировать этот недостаток.

На проволочном заводе высокая степень изнашивания волочильных камней привело к значительным производственным потерям и очень высоким расходам на волочильные инструменты. Кроме того, из-за повышенного изнашивания камней пришлось снизить скорость машин. Радиоизотопные исследования волочильных камней показали, что после травления с проволок удалены продукты коррозии недостаточно. После усовершенствования технологии их удаления, срок службы камней повысился в несколько раз, при одновременном повышении скорости волочильных станков.

В трубопроводе, соединенном очень некачественными сварными гибами, трубоочистительное устройство часто застревало на неизвестных местах. Изотопным очистительным устройством удалось обнаружить большое число мест застревания. Исправлением изолированных ошибок удалось избежать раскопки и повторного построения всего магистрального провода.

Экономичность радиоизотопных исследований, часто именно в силу вышеперечисленных причин, бывает очень трудно расчитать. В качестве доказательства экономичности изотопных методов может служить тот факт, что при сравнительно высоких издержках исследований (100—500 тысяч форинтов) исследовательские мощности, работающие полностью на хозяйственном расчёте давно используются полностью и частично забронированы вперёд.

Система хозяйственного расчета в исследовательских работах, несмотря на созданную ей общественную напряженность, хороша тем, что увеличивает ответственность и исследователей и заказчиков, так как их финансовая ответственность как правило гарантирует выбор выгодной и для народного хозяйства и для предприятия темы исследования.

Поступила в редакцию 5/VI, 1979г.

Литература

[1] *И. Амoро*, Исследования радиоизотопных методов в НИИ Химической промышленности, Известия НИИХП т. 5. 1974, стр. 25 – 26

[2] *И. Амбро, М. Хорват*, Варьируемые многоканальные измерительные центры для изотопной индикации в исследованиях процессов и аппаратов химической промышленности, „Неделя технической химии 73" г. Кестхей, 11 – 13 апреля 1973 г.

[3] *И. Амбро*, Применение методов изотопной индикации в области исследования химических процессов: Исследование насадочных колонн, „Неделя технической химии 73", г. Кестхей, 11 – 13 апреля 1973 г.

[4] *И. Амбро*, Условия применения центробежного экстрактора типа ШУ-19, „Неделя технической химии", г. Кестхей, 11 – 13 апреля 1973 г.

[5] *И. Амбро*, Исследование вопросов наполнителей хроматографических колонн, „Доклады III. Заседания химиков по хроматографии" г. Эстергом, 24 – 28 октября 1973 г.

[6] *I. Ambró*, Flow phenomena and ion exchange mass transport in packed columns. Euroanalysis II, 25 – 30 August, 1975, Budapest Proc. p. 360

[7] *И. Амбро, Р. Хорани*, Планирование экспериментов с помощью вычислительной техники по разделению скополамина и гиосциамина методом центробежной экстракции, „Неделя технической химии", г,. Кестхей, 27 – 30 мая 1975 г.

[8] *I. Ambró*, flow pattern in packed bed column: the axial and radial dispersion of the Dirac-function. First Danube Symposium on Chromatography 27 – 30 September, 1976, Szeged

[9] *I. Ambró*, Use of radioisotope tracers for studying flow pattern and mass transport in packed bed columns and counter current liquid, contactors, 3rd Conference on Applied Chemistry Unit Operations, Veszprém, 29 – 31 August, 1977, Proc. 119 – 122 ppm.

[10] *B. Balla*, Magyar Kémikusok Lapja **28** (1973) 73 – 82

[11] *G. Földiák, F. Kocsis, K. Varró*, Proc. 4th Int. Conf. on PUAE UN, New York and IAEA Vienna 1972 Vol. 14 p. 45 – 58

[12] *B. Balla*, Magyar Kémikusok Lapja (1975) p. 491 – 496

[13] *I. Ambró*, The ion exchange behaviour of arsenic(III) on Varion ion exchange resins, 3rd Symp. on Ion-Exchange, Proc. Journal of Chromatography **102** (1974) pp. 457 – 460

[14] *I. Ambró*, The Behaviour of Some Light Rare Earths on Varion CH Complex Forming Ion Exchange Resins. III. Anal. Conf. Proc.; Budapest, 1970, Aug. 24 – 29, 45 – 50 pp.

[15] *I. Ambró*, Investigation of the stability of chelate complexes formed by polymers containing iminodiacetic acid functional groups. 13th Prague Microsymposium on Macromolecules, Aug. 27 – 30, 1973, Prague IUPAC, Czechoslovak Academy of Sciences, Czechoslovak Chemical Society, – Inst. of Macromolecular Chemistry, Proc. G3

[16] *И. Амбро*, Исследование распределения Cu(II) на сорбентах: амидоксим, фосфиноксид и имидо- поликарбоновая кислота и также на некоторых жидких сорбентах. Доклад на заседании Рабочей Комиссии ВАН по применению изотопных методов, г. Дебрецен, 16 – 18 ноября 1976 г.

[17] *Ambró*, Distribution of carrier free $^{90}Y(III)$ between solutions of sodium nitrate, nitric acid and dioctyl phosphate (HDOP) in cyclohexane. 8th Radiochemical Conference, Marianske-Lázne, April 27 – May 2, 1975, Czechoslovakia, Proc. p. 68 Journal of Radioanalytical Chemistry Vol. **30** (1976) 377 – 382

[18] *И. Амбро*, Выделение ионов Cu(II) методом ионного обмена и жидкостной экстракции, Отчёт № 676, НИИХП 1975 г.

[19] *И. Амбро*, Гидрометаллургическая обработка медных руд, Исследование по ионному обмену и по экстракции, Отчёт № 774, НИИХП 1976 г.

[20] *И. Хорват, Л. Гайдош*, Исследование гидравлических проблем очистителей сточных вод. Доклад на конференции Научного Общества по машиностроению. Будапешт 1976

[21] *V. Róna, L. Kálman, Gép* **30** (1978) 32

[22] *Л. Кальман, Й. Хирлинг*, Определение площадей действия выхлопных труб атомных реакторов методом постактивационной индикации. IV. Научно-техническая конференция по радиоактивным отходам. 1977, Москва, Доклад № 412

[23] *Л. Барандаи*, Применение метода радиоизотопной индикации в цементной промышлености (доклад на этом симпозиуме).

[24] *И. Амбро*, Исследование метаболизма фунгицида [6-^{14}C] Vitavax с помощью трессрной индикации.
Magyar Kémikusok Lapja XXIV, Bd. 8, 393 – 401

[25] *I. Ambró, M. Nádasy*, Metabolism of ^{14}C-Carboxin in bean plants. 8th British Insecticide and Fungicide Conference 17 – 20 Nov. 1975, Brighton, England, Proc. Vol. 3 793 – 788 pp.

[26] *И. Амбро*, Встроение фунгицида [6-^{14}C] Vitavax в растение Datura Innoxia Mill., выращиваемое для промышленных целей и действие его на это растение. Acta Pharmaceutica Hungarica **45** (1975) 167 – 174

[27] *И. Амбро*, Интенсификация промышленных процессов жидкостной экстракции: разделение скополамина и гиосциамина с помощью центробежного экстрактора типа ШУ-19. Отчёт № 460. НИИХП 1974

[28] *А. Гутман*, Дипломная работа, 1978

[29] *И. Амбро*, Исследование транслокации фосфора из меченого ^{32}P удобрения методом авторадиографии на растениях кукурузы. Отчёт НИИХП 1978

[30] *И. Амбро, Й. Борсеки*, Использование явления Черенковского излучения для измерения абсолютной активности проб, испускающих бэта-излучения больших энергий. Отчёт № 910 НИИХП 1977

[31] *L. Horváth, B. Pozsár*, Agrobotanika 1970, **12** (1971) 127 – 129

[32] *L. Horváth, B. Pozsár*, Acta Agronomica Scientiarium Hungarical., Tour **23** (1974) pp. 355 – 358

[33] *L. Horváth, B. Pozsár*, Acta Agronomica Scientiarium Hungarical, Tour **19** (1970) pp. 331 – 332

[34] *B. Pozsár* et al., „VITIS" Band 8 (1969) S. 206 – 210

[35] *I. Opauszky*, et al., „Buzatermesztési kisérletek" 1961 – 1970, Akadémiai Kiadó Budapest p. 185 – 187

[36] *T. Forster, L. Horváth*, Izotóptechnika (Budapest) **20** pp. 198 – 202

[37] *Й. Пандур, А. Варкони*, Радиоизотопное испытание износа подшипников скольжения с пластмассовой фрикционной поверхностью (доклад на этом симпозиуме)

[38] *Й. Пандур*, Структура и физико-механические характеристики полиамида, модифицированного с помощью гамма-облучения. Симпозиум по вопросам радиационного модифицирования полимерных материалов, Варшава 1977. СЭВ

[39] *T. Farkas, J. Hirling*: Izotóptechnika (Budapest) **15** (1972) 267 bis 275

[40] *К. Фаркаш*, Анализ расхода материала электрических контактов изотопным методом (доклад на настоящем симпозиуме)

[41] *B. Balla, L. Kálmán*, Kémiai közlemények **32** (1969) 173 – 178

Тенденции в развитии применения радиоактивных изотопов в промышленности

К. Ветцель, М. Бэр, И. Без, Й. Флаховский, К. Фрейер, Б. Горский, Х. Кути, Ю. Леонгардт, Х. Шютце, Х.-В. Тюммель

(Центральный институт изотопных и радиационных исследований Академии наук, Лейпциг, ГДР)[1])

Даётся обзор изотопной и радиационнои технике, прежде всего в области индикаторной техники и радиометрическии. Характеризуются важные линии применения: объём, эффективность и пределы применения радиоактивных изотопов в промышленности. Сущность обзора — новые тенденции в применении радиоактивных изотопов в промышленности. При этом учитывается опыт Центрального института изотопных и радиационных исследований. К этим тенденциям относятся улучшение получения информаций при применении методов радиоактивных индкаторов, что является предпосылкой для перехода к комплексному анализу (улучшение техники маркировки, применение комплексных измерительных систем, усиленное применение математических методов при обработке данных), а также применение радиометрических измерительных приборов для комплексных проблем в заводской контроли (новые детекторы, повышение энергетического разрешения, автоматизация обработки сигналов с помощью микропроцессоров, сильные радиоактивные источники, подвижные источники нейтронов). Указываются тенденции развития в применении радиоактивных источников и ускорителей для модификации материалов и перспективы применения ядерных реакторов в промышленности. Оцениваются возможные результаты изотопных и радиационных исследований, которые будут применяться в промышленности в будущем.

(D22; D24; D23) INIS DESCRIPTORS:

forecasting; German DR organizations; industry; ionizing radiations; planning; radiation chemistry; radiation detectors; radiation sources; radioisotopes; radiometric gages; research programs; reviews; tracer techniques; uses

1. Введение

Радиоактивные изотопы в течение последних 30 лет нашли широкое применение в промышленности. Большое число радиометрических способов, метод меченых атомов, радиационная техника и радиационная химия завоевали себе прочное место в системе средств интенсификации производства. При общем высоком темпе развития применения изотопов в промышленности в отдельных странах наблюдаются различные темпы развития в этой области в зависимости от средств, затраченных на исследовательские работы и разработки в области изотопной и радиационной техники и применение их методов (рис. 1).

Главными факторами, определяющими уровень и объём применения радиоактивных изотопов в промышленности, являются состояние развития науки, в частности в области ядерной физики и физики высоких энергий и общее состояние развития техники, особенно в области электроники и машинной вычислительной техники. При этом надо отметить, что развитие самой электроники получило существенные импульсы со стороны изотопной техники, так, например, именно активационный анализ впервые дал возможность достичь чрезвычайно важной для аналитики полупроводниковых материалов области концентрации в 10^{-8}% и ниже.

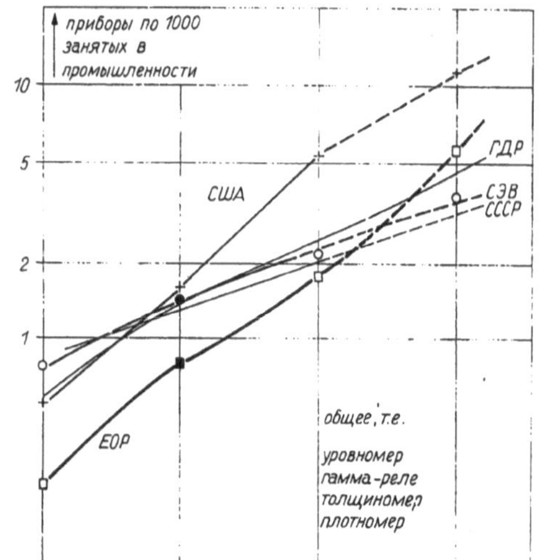

рис. 1. Развитие применения промышленных радиометрических измерительных приборов (на 1000 занятых в промышленности) в некоторых индустриально развитых государствах, а также в СЭВ и ЕЭС (in der Zeichnung steht statt dessen versehentlich EOP) в период с 1965 г. по 1980 г. (по [1], ГДР по [2])

Развитие применения радиоактивных изотопов в промышленности характеризуется следующими важными этапами:

— разработкой мощных многоканальных анализаторов
— разработкой новых детекторов излучения, обладающих большой чувствительностью и высокой разрешающей способностью
— применением ионизирующего излучения для получения веществ и улучшения их свойств
— развитием изотопной техники с усовершенствованными детектированием и обработкой сигналов

[1]) Anschrift: 705 Leipzig, Permoserstr. 15

— разработкой новых методов метки, и в частности для метки несколькими изотопами
— разработкой ускорителей для промышленного применения (в качестве источников излучения и для получения короткоживущих нуклидов)
— применением ядерных реакторов в промышленности для получения не только электроэнергии, но и технологического пара, для получения тепла, необходимого для промышленных процессов и в качестве источника ионизирующего излучения для радиационной техники, для получения короткоживущих нуклидов и активационного анализа.

2. Радиометрические методы

Промышленная радиометрия включает методы

— измерения уровня (включая радиоизотопные сигнализаторы и плотномеры)
— измерения толщины и поверхностной массы
— анализа состава вещества.

Радиометрические сигнализаторы и уровнемеры были разработаны с целью применения в различных отраслях промышленности (и в частности, в химической, металлургической, угольной промышленности) во множестве вариантов относительно источника (энергии излучения, активности, числа, расположения, коллимации) и детектора (типа, числа, расположения) и представляют в большинстве стран подавляющее число установленных радиометрических измерительных приборов. Эти приборы недорогие, их монтаж в общем не представляет трудностей, экономический эффект при известных условиях чрезвычайно высокий. В международном масштабе трудно выявить различия в уровне развития. В ГДР применяются 3 прибора на 1000 занятых в промышленности [1, 2], что можно сравнить с уровнем, достигнутым в индустриально развитых странах (рис. 2). Очевидно, то обстоятельство, что уровень

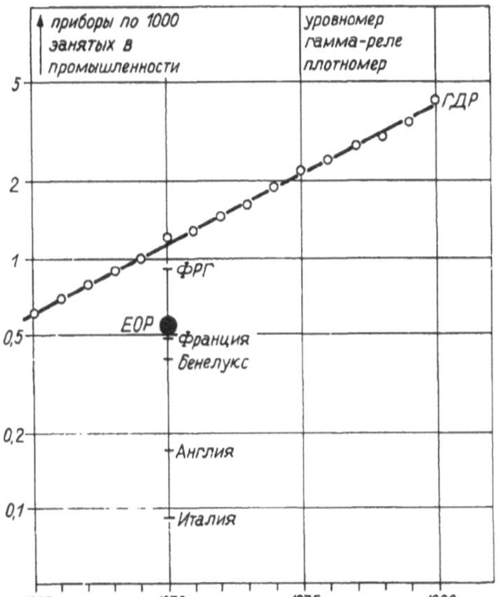

рис. 2. Развитие применения приборов с гамма-реле (включая уровнемеры и плотномеры) в промышленности ГДР в период с 1965 г. по 1980 г. (по [2]); для сравнения приводится достигнутый в 1970 г. уровень применения в нескольких индустриально развитых государствах (по Б. Рёперу, ЕУРИЗОТОП № 88, декабрь 1974 г.)
(statt EOP lies ЭЭС)

применения на крупных предприятиях зависит от наличия изотопной лаборатории и эффективности её работы, типично не только для ГДР.

Международный уровень развития измерительной техники для определения поверхностной массы намного выше чем уровень развития измерительной техники для определения уровня. Он характеризуется следующими факторами:

1. Увеличение цен на сырьё во всём мире снова повлекло за собой усиленный поиск и расширение новых областей применения. Вместе с тем предъявляются требования к измерительной технике с целью её дальнейшего совершенствования и повышения точности измерения, что позволяет производить с наименьшими затратами и ещё ближе к допустимому пределу, и таким образом ещё больше экономя сырьё. (С другой стороны, предприятиям-потребителям выгоднее примириться с более высокими закупочными ценами.)
2. Высокая точность измерений достигается (несмотря на возрастающие скорости), например, путём
   — уменьшения помех, например, колебаний плотности воздуха при измерениях на алюминии с применением источников рентгеновского излучения
   — подсчёта импульсов вместо интегрирующего измерения
   — улучшения математических, электронных и вычислительных способов отсчёта фактического значения измеряемой величины.
3. Значительное снижение себестоимости при одновременном повышении качественных параметров в области микрокалькуляторов и микропроцессоров привело к применению их в установках для измерения поверхностной массы, чем обеспечивается не только комплексная и быстрая обработка „on-line" измерительных данных, но и хорошо „подогнанное" оптимированное ведение процесса, а также наглядный отсчёт измеряемой величины (цветной индикатор) и рациональная документация всех важных данных процесса и продукта. Типичным примером такого применения является бумагоделательная машина, где одновременно проводятся измерение и регулировка поверхностной массы с помощью измерения прохождения бэта-излучения, определения содержания золы с помощью измерения прохождения рентгеновского излучения и измерение влажности с помощью инфракрасного детектора. Для времени амортизации машин со средней пропускной способностью приводится значение 7 месяцев.
4. Установки для измерения поверхностной массы в любом случае нуждаются в оптимальной адаптации к соответствующему варианту применения. В мировой практике это выполняет изготовитель.

Достигнутый в ГДР уровень применения измерительной техники для определения поверхностной массы со значением 0,4 прибора на 1000 занятых в промышленности [1, 2] едва ли превышает среднее значение в странах ЕЭС (Европейского Экономического Содружества) на 1970 г. (рис. 3), где в настоящее время приходится предположительно около 1 прибора на 1000 занятых в производстве. Главными областями при-

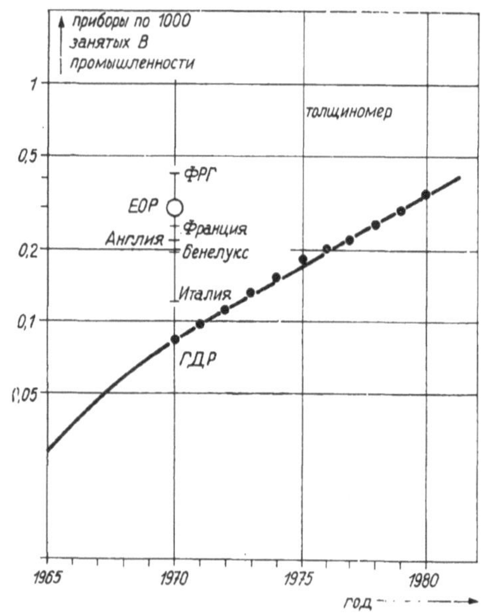

рис. 3. Развитие применения приборов для измерения поверхностной массы и толщины в промышленности ГДР в период с 1965 г. по 1980 г. (по [2]); для сравнения приводится достигнутый в 1970 г. уровень применения в нескольких индустриально развитых странах (по Б. Рёнеру, ЕУРИЗОТОП № 88, декабрь 1977 г.)
(statt ЕОР lies ЕЭС)

менения являются деревообрабатывающая и деревоперерабатываюшая, бумажная, химическая и пластмассовая, металлургическая, а также текстильная и резиновая промышленность.

Причина относительного отставания ГДР кроется не столько в поставке высокоэффективных измерительных приборов или в профиле экономики ГДР, сколько, вероятно, главным образом в недостаточной проектной мощности, ориентированной на применение, и отсутствии более крупных опытных установок для адаптирования и калибровки установок, не нарушающих текущего производственного процесса. Капиталистические фирмы как раз проектирование после продажи „know-how" считают делом более прибыльным, чем сбыт самого измерительного прибора.

В 60-ые годы технологические трудности, возникающие при внедрении в промышленность радиометрических измерительных методов скорее недооценивались, чем переоценивались их возможности. Это касается в первую очередь аналитики вещества.

Такая оценка имеет ещё место даже при определении содержания простых систем веществ, как, например, 2-х и 3-х-компонентных жидкостей и порошков, разработанных в частности в большом количестве в научно-исследовательских институтах СССР. Примерами могут служить приборы для определения содержания серы, хлора, железа или свинца в жидкостях (дизельное масло, водные растворы и др.) в процентной области, базирующиеся на измерении прохождения рентгеновского излучения [3]. Из-за типичного для анализаторов вещества малого спроса на них вследствие узкой области применения наш институт не смог найти изготовителя подобных прототипов.

Практически всё ещё в первоначальной стадии развития находится разработка способов непрерывного многоэлементного анализа потоков массовых грузов (руды, угля, цемента и т.д.). В начале 70-х годов некоторые исследовательские коллективы приступили к разработке этой проблемы [4]. Для измерений на массовых грузах предпочитаются больше такие методы, которые позволяют получить средние значения для больших объёмов измеряемых веществ (и не только для областей у поверхности). Примерами могут служить комбинации нескольких измерительных участков, которые включают в себя прохождение и обратное рассеяние квантового излучения разных энергий (в области около 20 *кэВ* до 300 *кэВ*). Больше привлекают те методы, которые, кроме всех прочих преимуществ, ещё и поставляют специфическую для данного элемента информацию.

Рентгенофлюоресцентный анализ применим только для тяжёлых элементов второй половины таблицы Менделеева, энергия флюоресценции которых при энергиях приблизительно свыше 20 *кэВ* довольно мало чувствительна к помехам. Напротив, измерение индуцированного нейтронами излучения охватывает область более лёгких элементов. Здесь, кроме классического активационного анализа (особенно для кислорода, алюминия, кремния), представляется возможным измерить мгновенное гамма-излучение при реакциях захвата нейтронов (например, для железа в концентратах [5]). Из-за больших поперечных сечений требуются для этого более низкие активности источников.

Многоэлементные анализы поэтому в ближайшем будущем ещё не смогут обойтись без отбора проб и измерения в лаборатории, и в частности, энергодисперсионный рентгенофлюоресцентный анализ, а также индуцированный нейтронами и протонами активационный анализ по скорости, точности и верности представляют для химического анализа серъёзную конкуренцию [6].

В международном масштабе возможности приборов для энергодисперсионного рентгенофлюоресцентного анализа характеризуются применением радиоизотопных источников излучения разных типов (или миниатюрной рентгеновской трубки) в условиях оптимальной геометрии относительно полупроводникового кремниевого (литиевого) детектора с хорошим энергетическим разрешением (160 *эВ*) и обработкой спектрограмм с помощью интегрированных микрокалькуляторов (например, 16 *К*). В странах СЭВ по всем этим компонентам имеется серьёзное отставание, поэтому сейчас во многих странах-членах СЭВ ведётся интенсивная разработка приборов.

Сотрудникам нашего института благодаря разработке 3-х-канального рентгеновского анализатора с использованием пропорционального сцинтилляционного детектора удалось сделать ещё один шаг в направлении проникновения в область лёгких элементов (между $Z = 6$ и 26); данный прибор будет внедрён нами в практику совместно с советским институтом-партнёром. На рисунке 4а схематически изображена конструкция разработанного в ЦИИРИ газового пропорционального сцинтилляционного детектора (ПСД) с сферическим анодом (диаметр 12 *мм*). Как видно из сравнения изображённых на рис. 4б и 4в амплитудных распределений соединения углерода с кислородом, энергетическое разрешение ПСД в 2,5 раза лучше, чем у обычного пропорционального счётчика (полуширина 40% К-излучения углерода при 280 *эВ* или 9% К-излучения марганца при 6 *кэВ*.)

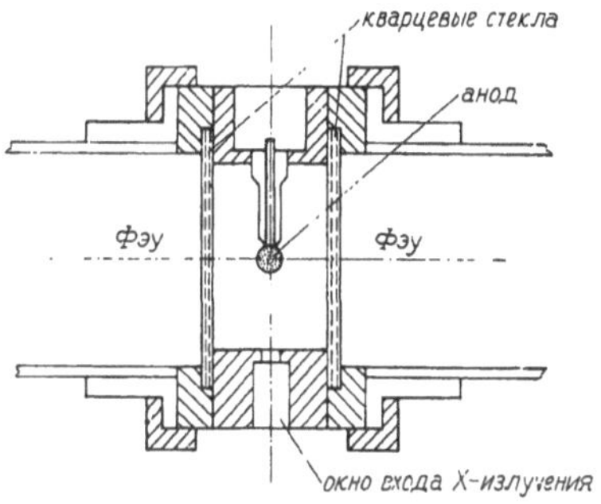

рис. 4а. Схематическое изображение конструкции газового пропорционального сцинтилляционного детектора

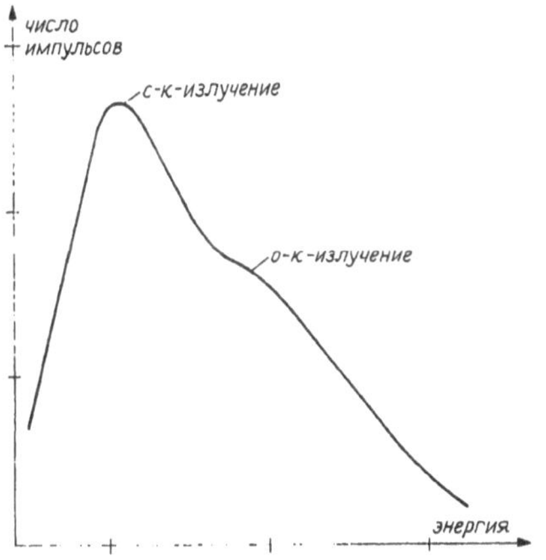

рис. 4б. Амплитудное распределение импульсов соединения углерода с кислородом, измеренное с помощью обычного аргон-метанового пропорционального счётчика (полуширина характерного излучения углерода 250 *эВ*)

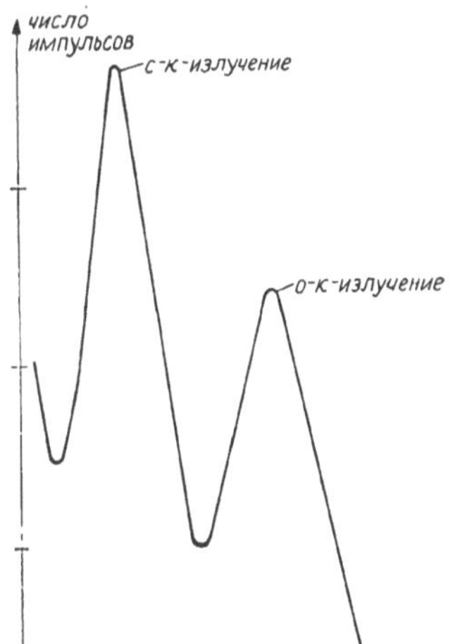

рис. 4в. Амплитудное распределение импульсов соединения углерода с кислородом, измеренное с помощью газового пропорционального сцинтилляционного детектора (полуширина характерного излучения углерода 100 *эВ*)

Разработанный 10 лет назад в ЦИИРИ методически и аппаративно анализатор процессов для измерения поверхностной массы серебра в машинах для нанесения эмульсий в фотохимической промышленности используется в настоящее время во всём мире в размере 30 приборов.

Намечаются следующие тенденции, которые будут характеризовать это развитие:

применение микропроцессоров

Радиометрическую измерительную технику следует в будущем в гораздо большей степени, чем это имело место до сих пор, применять для комплексных измерений ,,on-stream'' при контроле производства, как, например, всего несколько радиометрических зондов, при необходимости в комбинации с нерадиометрическими датчиками, смогут с помощью комплексной обработки ,,on-line'' измерительных данных реализовать одновременно простые функции управления и контроля плотности, количества, влажности и состава в производственной установке.

использование новых детекторов расширит области применения:

— неохлаждаемые полупроводниковые детекторы уже сейчас позволяют строить широко применяемые радиационные реле
— неохлаждаемые полупроводниковые детекторы преимущественно при условии улучшенного энергетического разрешения откроют новые возможности для аналитики „on-line“ и технических упрощений по сравнению с сцинтилляционными детекторами, особенно в области низкоэнергетического квантового излучения и бэта-излучения
— высокоразрешающие полупроводниковые детекторы в комбинации с возбуждением радионуклидами в передвижных приборах для измерения трентгенофлюоресценции будут играть всё большую роль при разведке и добыче руд и минералов [4, 6]
— газовый пропорциональный сцинтилляционный детектор (ПСД) позволит проводить ренгенофлюоресцентный анализ в области лёгких элементов (начиная с углерода, $Z > 6$). В качестве прототипа можно рассматривать разработанный в ЦИИРИ детектор РАЛЭ 2.

использование новых источников излучения

В результате начатого во всём мире строительства установок для переработки отработанного ядерного топлива будут в большом количестве применяться сравнительно дешёвые радиоизотопные источники излучения, в том числе такие дорогостоящие нуклиды, которые в настоящее время используются только в области средних активностей, например:

— дешёвый америций-241 (а также плутоний-238, кюрий-244), обладающий более высокой стабильностью, снова вытеснит миниатюрные рентгеновские трубки, представлявшие одно время большую конкуренцию
— дешёвый калифорний-252 в области нейтронно-активационного анаилза в лаборатории во многих случаях будет вытеснять нейтронный генератор, передвижные источники излучения в лабораториях активационного анализа для диагностики процессов и исследования буровых скважин, а также стационарный многоэлементный активационный анализ ,,on-stream'' для контроля процессов даже при больших скоростях продукта и для таких комплексных систем веществ, как, например, для угля, представляют собой лучшие решения, чем, например, рентгенофлюоресцентный анализ, считающийся на сегодняшый день альтернативным методом для многоэлементного анализа.

В заключение следует указать на высокий уровень развития энергодисперсионного рентгенофлюоресцентного анализа (ЭДРФА), который, будучи применён дополнительно к нейтронноактивационному анализу, имеет все предпосылки, чтобы признать его в качестве серьёзного конкурента для классических методов анализа. Миниатюризация электроники, многоканальных анализаторов, памяти и счётно-решающих приборов в комбинации с функциями, управляемыми микропроцессорами, ещё более ускорит это развитие. Нам тоже следует ориентироваться на это развитие; первые шаги в направлении разработки таких приборов делаются и в ГДР, и в странах-членах СЭВ, надо, однако, их ускорить. Ведь они открывают возможности для быстрого анализа систем веществ, содержащих до 30 элементов. Актуальными примерами являются автоматизированные многоэлементные ЭДРФ-анализы продуктов износа и пыли в окружающей среде, проводимые у нас сотнями. Что касается аналитических приборов, нам предстоит сделать качественный прыжок, который повлечёт за собой переворот в химической лаборатории.

3. Техника меченых атомов

Типичными для техники меченых атомов являются следующие направления:

1. Определение временной функции — скорости течения, времени пребывания, гидродинамического поведения потоков веществ;
2. Определение пространственной функции — распределения веществ, однородности, перемешивания, обнаружения утечки;
3. Определение количественной функции — материального баланса, превращения веществ, износа, коррозии.

Во многих случаях конкретное исследование методом меченых атомов представляет собой комбинацию разных направлений использования. По своим методическим принципам техника меченых атомов уже стала обычным методом.

ЦИИРИ располагает многолетним опытом промышленного применения меченых атомов во всех областях народного хозяйства, и в частности для испытания, оптимирования и контроля процессов с упором на анализ времени пребывания и материальный баланс (рис. 5). Институт имеет возможность с точки зрения методики и измерительной техники, используя передвижные измерительные установки (автомобиль с измерительной аппаратурой) в многоканальном режиме (до 15 измерительных точек на наружной стене), проводить смотр исследуемых систем, промежуточное накопление измерительных данных на ЭВМ и рассчитывать плотность времени пребывания и функцию распределения времени пребывания по методу корреляционного анализа для идентификации системы (рис. 6). Проведённые исследования однако остаются уникальными, носят характер мгновенных снимков состояния режима и не станут рутинным инструментом для оптимизации установок. Здесь можно привести очень немного примеров. Одним из них является разработанный в ЦИИРИ вариант измерения количества ртути, циркулирующей в ячейках электролизёра электролиза растворов хлоридов щёлочных металлов, который уже в течение многих лет применяется на химических комбинатах ГДР инженерно-техническим персоналом этих предприятий в качестве постоянного контрольного метода [7].

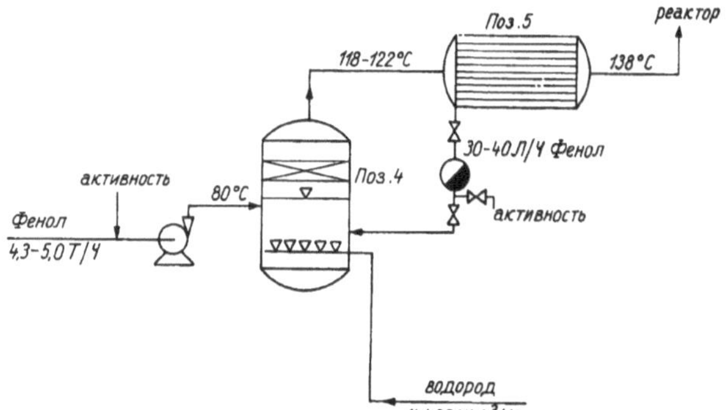

рис. 5. Часть схемы гидрирования фенола

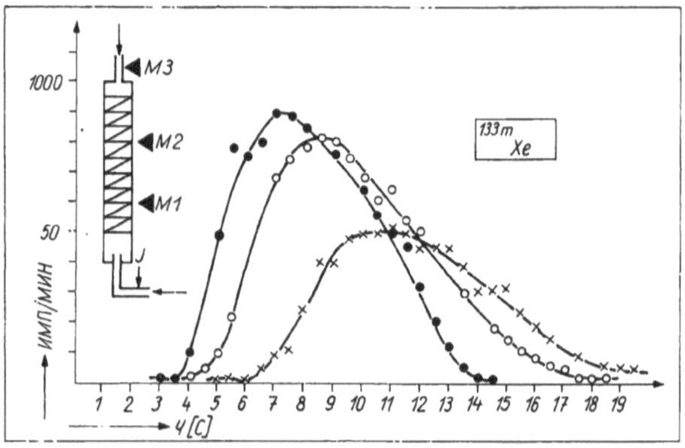

рис. 6. Распределения времён пребывания газовой фазы

Тренд развития техники меченых атомов идёт к более комплексному радиометрическому анализу установок, способов и ступеней технологий, комбинируемых с другими аналитическими способами инспекции установок [8—12]. При этом выделяются два направления:

1. Комплексный динамический анализ состояния и моделирование многоступенчатых промышленных установок или их частей,
2. Автоматизированная техника меченых атомов в качестве инструмента для контроля и управления процессов.

Это, прежде всего, предполагает проводить новые, решающие разработки в методической области изотопной техники. Сюда относятся вопросы метки систем, отбора и подготовки проб. Наибольшие сдвиги имели место в области измерительной техники. Здесь большое развитие получили многоточечная измерительная техника на наружной стороне и многоканальная измерительная техника с подходящим для ЭВМ накоплением данных и последующей математико-аналитической оценкой при использовании элементов теории информации. В ЦИИРИ уже накоплен громадный опыт для сохранения характеристики передачи установки даже при сильно нарушенных кривых зависимости концентрации от времени посредством стохастического изменения входной концентрации меченых атомов. Были разработаны приспособления для дозировки, которые позволяют проведение таких экспериментов с применением техники меченых атомов.

Наряду с бесперебойным определением измерительных величин системы необходимо (по сравнению с обычной ударной меткой) применять намного меньшие активности. Однако затраты на приборы и вычислительную технику намного выше. Этот метод, правда, не исключает ошибок вследствие взаимного влияния точек измерения, имеющего место при многоточечных измерениях.

Одной из сложнейших проблем является однозначность метки, в частности тогда, когда не только простые физические величины, как, например, измерение времени, но и выяснение комплексных физико-химических механизмов реакции во многоступенчатых установках представляют цель эксперимента с мечеными атомами. Здесь следует осуществить специфическую как с точки зрения фазы, так и химии метку. Это обуславливает ряд значительных трудностей в промышленности, поскольку по причинам радиационной безопасности и расходов исключается широкое применение углерода-14. Выходом из этого затруднительного положения в некоторых случаях может стать применение стабильного углерода-13, хотя экспериментальные затраты здесь больше.

Намного больше проблем возникает при разработке и внедрении автоматизированной техники меченых атомов, предназначенной служить инструментом для контроля и управления процессами. С точки зрения изотопной техники собственно подобные разработки ещё находятся в начальной стадии. Трудно оценить возможности широкого применения этого варианта изотопной техники.

Проблема автоматизированной техники меченых атомов состоит собственно в вводе в систему в условиях эксплуатации импульсов активности в периодическом повторении и измерении их прохождения, причём по технике радиационной безопасности можно использовать только короткоживущие изотопы. Эти изотопы вводятся либо снаружи, либо производятся активационным способом в потоке процесса. Источниками нейтронов служат изотопный источник нейтронов, особенно калифорний-252, нейтронные генераторы или компактные циклотроны. Для метки снаружи применяются изотопные генераторы. Нанести внутреннюю метку не представляет никаких трудностей по части однородности динамического поведения процесса, если в потоке процесса имеется соответствующий и хорошо активируемый компонент. Этим критерием и задаётся ограничение применимости этого варианта на определённые отрасли промышленности. Однако имеются некоторые попытки, а также успехи при продвижении этого принципа, как, например, контроль „quasi-on-line" содержания кислорода при продувке конвертера кислородом сверху в сталеплавильной промышленности посредством активации генератором, анализ сырьевого шлака цемента, непрерывный контроль ванадия, хлора, брома и алюминия в углеводородах и циркулирующих катализаторах [13], автоматизированный контроль землеподготовки на литейных заводах посредством активирования с помощью источников калифорния-252 [14]. Возможности однако ещё не исчерпаны. Так, пока собственно не имеется интенсивных попыток использовать компактные циклотроны не только для обычной активационной метки, но и для внедрения способа анализа шумов для диагностики установок путём использования индуцированных гамма-импульсов. Препятствием в настоящее время являются расходы. Отношения капиталовложений: компактный циклотрон нейтронный генератор: источники калифорния-252: изотопный генератор составляют вероятно 1000:100:100:1, что однако не является при достаточной народно-хозяйственной эффективности препятствием для возможного внедрения таких систем в промышленную технологию. Изотопные генераторы подкупают своей дешевизной, однако их большой недостаток заключается в том, что автоматически извлекаемые дочерние нуклиды с целью обеспечения химически специфической изотопной метки нуждаются в хорошо действующей автоматической химической переработке. Проще всего это представляется при метке в газовой фазе, проводимой для измерения динамических величин, характерных для данного вещества. Несмотря на это, в последующие годы следует провести обширные исследования по изотопной технике с целью передачи промышленности приборов для управления процессами методом меченых атомов, действующих по принципу „black-box".

4. Авторадиографические методы в технике меченых атомов

Определение локальных распределений элементов в веществе в рамках комплекса методов меченых атомов осуществляется с помощью авторадиографических методов. Эти методы включены в спектр других известных методов для определения горизонтальных распределений вещества, как, например, электронные и ионные зонды, микроанализаторы со скенированием проб заряженными частицами, методы скенирования ядерной медицины и радиометрические методы вообще.

Благодаря своей экстремально высокой для ядерного излучения горизонтальной разрешающей способности (микрометровая область), высокой чувствительности и особенно выгодным экономическим параметрам они уже нашли широкое применение в главных областях народного хозяйства [15—18].

В качестве примеров можно привести авторадиографические исследования проблем транспорта материала (износ), технологии производства материалов, определения критериев качества разных материалов, технологических проблем полупроводниковой промышленности (распределения загрязнений, распределения примесей, однородность базовых материалов в полупроводниках), определения распределений элементов в минералах (геологическая разведка) и оценки строительных материалов (однородность, плотность).

Кроме информаций о горизонтальных распределениях можно с помощью авторадиографии путём применения соответствующих методов сечения и шлифования получить также 3-х-мерные распределения элементов. Особенно эффективными оказались при измерении диффузионных профилей авторадиографические способы. Таким образом, при низких температурах удалось, например, исследовать диффузию воды во многих синтетических материалах [19, 20]. Методом косого и сферического шлифования были измерены диффузионные профили примесных элементов в полупроводниковых [21, 22] и металлических материалах [23]. Комбинированное применение авторадиографических и радиохимических способов оказалось в последнее время [24], например, при определении глубинных распределений элементов в сверхтонких поверхностных слоях очень перспективным.

Развитие индуцированной нейтронами авторадиографии за последнее десятилетие сделало возможным проводить авторадиографические исследования и таких элементов, которые не образуют необходимых для техники меченых атомов радионуклидов. В качестве примеров можно назвать получение горизонтальных и глубинных распределений элементов бора, азота, урана и лития в самых разных матрицах [25, 26].

На основе имеющихся в настоящее время мощных реакторов, изотопных источников нейтронов и ускорителей частиц можно также ожидать отображения, например, элементов алюминия, кислорода и дейтерия. Область применения индуцированной нейтронами авторадиографии заметно расширяется. Границы её уже простираются от исследований по микроэлектронике, применяемой в области материаловедения и биологических наук до биологической разведки ресурсов и космических исследований.

Используя принципы теорий информаций и передачи за последние годы были разработаны эффективные модели авторадиографических систем, позволяющих интерпретировать результаты авторадиографических измерений количественно [27—29]. Основанные на них способы корректуры снимков и новые принципы обработки данных, как они были осуществлены, например, в разработанном в ЦИИРИ электронном приборе для обработки снимков ,,Денситрон'' [30], позволяют получить из авторадиограмм за несколько минут количественные информации о локальных концентрациях элементов с точностью около $\pm 15\%$.

В заключение можно сказать, что центром ориентированной на методику и применение разработки авторадиографии можно считать страны-члены СЭВ [31]. Об этом свидетельствуют, например, ежегодные ,,Международные симпозиумы по авторадиографии'', десятый из которых состоялся в 1977 г. в ГДР.

5. Использование вариаций изотопного состава химических элементов для исследований методом меченых атомов

Обогащённые искусственным путём стабильные изотопы разных химических элементов можно принципиально использовать в качестве индикаторов так же, как это имело место в случае радионуклидов. Кроме того, природа предоставляет нам благодаря наличию изотопных эффектов при химических реакциях и физических процессах вариации изотопного состава, прежде всего, лёгких химических элементов, так что химически идентичные вещества разного происхождения часто можно рассматривать изотопически мечеными по отношению друг к другу (рис, 7). То же происходит и при проведении химических процессов в техническом масштабе, и возникшие техногенные вариации могут превосходить природные. Поскольку при достигнутом уровне прецизионных масс-спектрометрических анализов можно получить довольно высокое разрешение интервалов вариаций лёгких элементов, следовало бы большее внимание уделить использованию метки для техники меченых атомов на больших объектах. В табл. 1 приводятся некоторые данные техногенных изотопных значений. Индексы б-значений обозначают стандарт, по отношению к изотопному

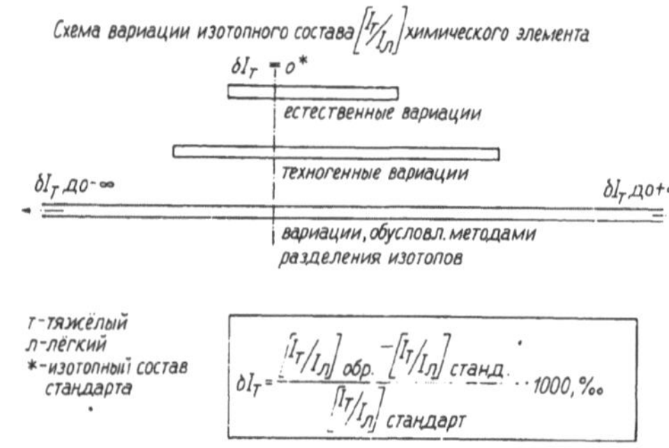

рис. 7.

составу которого даются б-значения. Чрезвычайно перспективен этот метод в области исследования окружающей среды, геологической промышленности и водного хозяйства. По изотопному составу углерода в древесине недревних деревьев можно определить, сколько процентов антропогенного, т. е. возникшего в результате сгорания угля, нефти и природного газа CO_2 было ассимилировано деревьями в определённый момент времени, поскольку его значение бС-13 (-2 до —3%) заметно отличается от того же значения CO_2 незагруженной атмосферы (—07%) [32].

В геологической промышленности природные вариации используются в частности для определения происхождения природных газов. В зависимости от генезиса метан заметно отличается по изотопному составу как от водорода, так и от углерода. Это обстоятельство имеет большое значение для разведки и режима добычи месторождений природного газа. Можно также выяснить некоторые вопросы, связанные с режимом эксплуатации при подземном хранении газа с помощью исследований в газах и пластовых водах. Природные вариации стабильных изотопов дейтерия и кислорода-18 можно использовать для исследований методом меченых атомов в природных и технических круговоротах воды, если имеются резервуары воды с различными изотопными отношениями.

Наибольшие изотопные вариации в воде имеют место вследствие процессов конденсации и испарения (фактор разделения при 20 °С составляет 1,08). Паровая

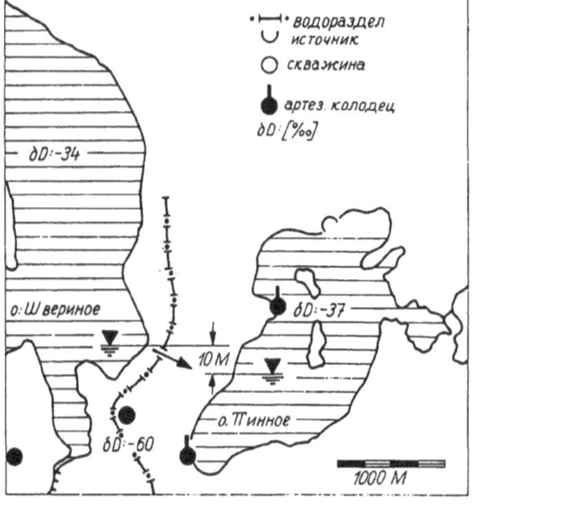

рис. 8. Схематическая карта гидрологических исследований возможной гидравлической связи между озёрами Швеpинер (Пиновер-Зе/ГДР) с помощью стабильных изотопов

Табл. 1. Изотопные вариации в технических продуктах

Технический продукт	б-единицы, %		
	бD_{SMOW}	б$^{13}C_{PDB}$	б$^{15}N_{воздух}$
1. *крупной химической промышленности*			
— городской газ (на основе бурого угля)			
CO_2		—17,7	
CO		—26,1	
CH_4		—27,7	
уголь, кокс		—24	
— синтетические материалы			
полиэтилен (фольга)	—50	—27,5	
полиэтилен (гранулят)	—56	—26	
миратен (гранулят)	—81	—31,4	
— мочевина		—34	
— сода		—2,2	
— карбонат бария/бродильная промышленность		—22,7	
2. *лабораторные химикаты*			
— газы			
CO		—36,6	
CO_2		—1,5	
CH_4	—213	—31,5 до —36,8 (—20,8)	
NH_3			+1,4
N_2 чистейший			—2,5 ... —3,5
— химикаты			
гексадекан	—270		
пиридин			+1,2
α, α'-дипиридин			+1,4
$(NH_4)_2/SO_4$ (Апольда)			+9,3 ... +11
$(NH_4)_2SO_4$ (Мерк 1970)			—14,1
тиобарбитуровая кислота			+1,5
$(NH_4)_2HPO_4$			+0,5
$(NH_4)_3PO_4$			+1,8
NH_2OH (польский продукт)			—100
3. *отбросные продукты*			
CO_2 из твёрдого топлива окиси азота (Биттерфельд)			—21,2
CH_4 (отстойники)	—300	—58,7	

фаза поэтому отличается от жидкой приблизительно на 8%. При постоянном испарении запаса воды в нём обогащается тяжёлый изотоп. Другим примером могут служить исследования ЦИИРИ на озёрах Шверинер/Пиновер-Зе на севере ГДР (рис. 8). Вода озёр по значению σ_D отличается от грунтовых вод в этой области приблизительно на 3%. Это — следствие испарения, которое уменьшает объём озёр приблизительно до 80% исходного объёма. Отклонение этого значения σ_D от значения для грунтовых вод можно было использовать в качестве метки для получения информации о том, происходит ли инфильтрация заметного количества воды озёр в грунтовые воды [33]. Такая информация имеет ценность для составления баланса прибрежных фильтрационных вод, которые естественным или искусственным путём инфильтрируются в грунтовые воды. Это является простым доказательством связи между поверхностной и грунтовыми водами даже при сложной гидрогеологической структуре.

Другой возможностью применения природных вариаций изотопного состава воды в области техники является составление баланса воды в башенных охладителях.

6. Радиационно-химическое производство и модифицирование материалов

Около 20 лет ионизирующее излучение всё больше используется в промышленном масштабе для получения веществ и для улучшения их качества. Кроме сельского хозяйства и пищевой промышленности оно применяется в первую очередь в

— стерилизации изделий и материалов медицинского назначения
— радиационно-химическом синтезе и модифицировании веществ
— гигиенизации промышленных и коммунальных сточных вод.

В то время как для стерилизации изделий медицинского назначения из-за большой проникающей способности гамма-излучения оправдали себя прежде всего радиоизотопные источники гамма-излучения, обработка сточных вод проводится как с помощью ускорителей, так и радиоизотопных источников гамма-излучения. Применение того или другого вида источников излучения в будущем, вероятно, будет зависеть прежде всего от экономических соображений, которые в настоящее время во многих случаях склоняются в пользу ускорительной техники.

Чрезвычайно быстрое развитие получила радиационная химия. Радиоизотопные источники гамма-излучения кобальта-60 и в некоторых случаях цезия-137 успешно применялись прежде всего для инициирования таких химических реакций, которые требуются осуществить в большом объёме. Это направление применения ионизирующего излучения, которое началось в 1960 г. с классического способа фирмы Dow Chemical для синтеза этилбромида из этилена и брома с помощью гамма-излучения, привело в частности к разработке технических способов хлорирования, сульфохлорирования и сульфоокисления жидких углеводородов с производительностью в несколько тонн в день. ЦИИРИ в этой связи удалось успешно применить технологию кипящего слоя при радиационно-химическом хлорировании поливинилхлорида. Таким образом, можно при уменьшении нескольких ступеней процесса по сравнению с обычным способом получить стойкий против кипячения поливинилхлорид с хорошими техническими и механическими свойствами [34].

Способность гамма-излучения инициировать химические реакции также в объёмистых твёрдых веществах в последние годы привела к разработке некоторых способов производства, которые в ряде стран уже используются в техническом масштабе. На переднем плане стоит при этом получение древесно-пластических материалов, при котором поры дешёвой древесины, например, берёзы или тополя пропитываются жидкими мономерами, которые затем полимеризуют под действием гамма-излучения. Таким образом, получается продукт, механические свойства которого превосходят даже самые твёрдые сорта древесины. Удалось также улучшить свойства бетона путём радиационной полимеризации примешанных мономеров.

Небольшая проникающая способность электронного излучения, генерируемого ускорителями, принципиально ограничивает его применение на поверхностной реакции или на радиационном модифицировании в близких к поверхности областях или в тонкослойных системах. Достигнутый в настоящее время уровень развития ускорителей, а также возможные несложные технологии способствуют быстрому развитию технических методов, особенно методов модифицирования текстильных материалов и других полимерных плоских изделий путём сшивания или привитой сополимеризации. Мощные ускорители электронов с энергиями от нескольких сотен кэВ до нескольких *МэВ* нашли также применение в области промышленного отверждения лаковых покрытий и сшивания электрической изоляции в кабельных изделиях с улучшенными свойствами.

Всё большее значение приобретает использование ускорителей тяжёлых ионов, с помощью которых в полупроводниковой промышленности проводится не только имплантация примесных элементов, но и другие технологические операции, как, например, травление и контактирование.

Применение ускорителей для инициирования радиационно-химических реакций, вероятно, получит в будущем такое же распространение, как и радиоизотопные источники излучения. Кроме источников излучения кобальта-60, найдут применение и другие гамма-нуклиды, получающиеся при необходимой переработке отработанного ядерного горючего. Первое место при этом занимает цезий-137, время полураспада которого по сравнению с кобальтом-60 приблизительно в пять раз больше, что даёт большие преимущества так же, как более низкая энергия гамма-квантов снижает расходы на радиационную защиту. Возможно, что на этой основе удастся разработать передвижные радиационные установки. В ЦИИРИ будет завершена разработка передвижной радиационной установки для борьбы с насекомыми и грибами в древних предметах искусства [35].

Очень вероятно, что в будущем как источники гамма-излучения при технических условиях большее значение приобретут радиационные контуры для синтеза и модифицирования веществ, а также для уничтожения микроорганизмов в продовольственных, сельскохозяйственных продуктах, изделиях и приборах медицинского назначения и для гигиенизации сточных вод. Правда, более высокой мощности дозы и более удобному техническому манипулированию, достигаемым в результате использования радиационных контуров, противостоит необходимость непосредственной связи с ядерным реактором.

И, наконец, надо считаться с тем, что в отдалённом будущем реакции, инициированные излучением, будут осуществляться непосредственно в химическом ядерном реакторе при помощи использования излучения реактора. При этом условии с экономической точки зрения можно осуществлять реакции до минимального значения радиационного выхода, равного 20. Однако множество химических реакций со значением $G < 5$, к которым относится большое число главных реакций в газовой фазе, как, например, синтез аммиака или синтез водяного газа, а также прямое окисление бензола в фенол, можно будет только тогда реализовать радиационно-химическим путём с удовлетворительными экономическими параметрами, если удастся использовать в хемоядерном реакторе энергию отдачи ядерных осколков деления непосредственно для синтеза.

Вследствие всё возрастающего применения радиоизотопов в промышленности увеличивается число материалов и рабочих веществ, которые подвергаются постоянному или временному воздействию ионизирующего излучения. Поэтому знание изменений, происходящих в веществах под действием высокоэнергетического излучения, и связанных с ними изменений главных параметров материалов приобретает всё большее практическое значение.

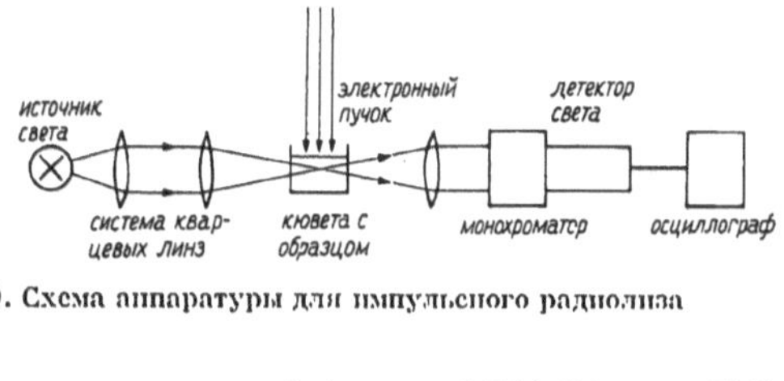

рис. 9. Схема аппаратуры для импульсного радиолиза

Табл. 2. Временная шкала первичных процессов, инициированных импульсами высокоэнергетических электронов в жидких веществах

Интервал времени, *сек*	Процесс
10^{-17}—10^{-16}	ионизация и возбуждение
10^{-14}	термализация высокоэнергетических электронов
10^{-14}—10^{-13}	внутренняя конверсия, быстрые реакции диссоциации
10^{-12}	термализация вторичных электронов
10^{-12}—10^{-11}	сольватация, реакции диссоциации
10^{-10}—10^{-9}	нейтрализация в треках, интеркомбинационная конверсия
10^{-8}	трековые реакции, ион-молекулярные реакции, флюоресценция
10^{-7}	реакции переноса водородного атома, перенос заряда, захват сольватированных электронов
10^{-6}	реакции радикалов, высвечивание триплетных возбуждённых состояний

Подробное, более точное выяснение элементарных процессов на молекулярном уровне и измерение абсолютных констант скорости реакции, необходимых для более глубокого понимания всего протекания взаимодействия, можно проводить с помощью метода импульсного радиолиза [36] (рис. 9, 10). При этом способные вступать в реакции первичные частицы (электроны, ионы, возбуждённые молекулы, радикалы) генерируются за короткий промежуток времени в достаточном количестве и концентрации, и наблюдаются изменения их концентрации при высоком временном разрешении.

Таким образом, от импульсного радиолиза можно ожидать важных результатов о протекании чрезвычайно многообразного взаимодействия излучения с веществами и уменьшения пробела, который в настоящее время всё ещё имеется при выяснении взаимовязи между генерацией короткоживущих первичных продуктов и генерацией стабильных конечных продуктов. Полученные таким образом данные будут, вероятно, использоваться в таких областях, как повышение радиационной стойкости материалов, сенсибилизацию радиационной деструкции отходов или вредных веществ, радиационная модификация или радиационный синтез веществ. В ЦИИРИ с помощью метода импульсного радиолиза были получены, например, интересные результаты о быстром переносе положительного заряда в углеводородах [37—39].

В принципе импульсный радиолиз можно также применять и для аналитических целей, так как радиационно-химические выходы, механизмы и кинетика реакций первичных частиц зависят от химического состава веществ. Однако, вообще говоря, подобное применение импульсного радиолиза связано со слишком большими затратами.

7. Использование продуктов деления и применение ядерных реакторов в промышленности

Анализ тенденций развития применения изотопов в промышленности был бы неполным, если бы он не коснулся влияния ядерно-технической промышленности. Получающиеся в цикле ядерного горючего продукты деления составляют резерв не только для получения индикаторных изотопов, но и для производства источников излучения и тепла.

В табл. 2 приводится ряд используемых продуктов деления [40, 41], Можно выделить 3 группы элементов и их использования:

1. стабильные изотопы (родий, палладий, ксенон), области использования которых находятся вне изотопной техники; их можно использовать, например, как катализаторы, специальные источники света или в электротехнике.

Табл. 3.

Элемент или изотоп	период полураспада, лет	содержание на т топлива при 33000 Мвт сутки/т (I г выдержки) г	кюри	удельная мощность, вт/г	возможное использование
^{85}Kr	10,4	27	10800	0,54	источник света и излучения, индикатор
^{90}Sr	28	534	75500	0,95	источник тепла и излучения
^{99}Tc	$2{,}1 \cdot 10^{5}$	835	14	—	катализатор, ингибитор коррозии
Rh	стаб.	392	—	—	в электротехнике, катализатор
Ru	стаб. + ^{106}Ru (1 год)	2220	275000	33,1	в электротехнике, источник тепла
Pd	стаб.	1320	—	—	в электротехнике, катализатор
Xe	стаб.	5420	$1 \cdot 10^{-5}$	—	источник света
^{137}Cs	30	1210	105000	0,42	источник тепла и излучения
^{144}Ce	0,78	143	456000	25,6	источник тепла и излучения
^{147}Pm	2,6	92	85100	0,33	источник тепла и излучения

2. радиоактивные изотопы, которые можно использовать в качестве источников излучения или энергии.
3. индикаторные изотопы.

Первую группу элементов в рамках рассмотренной здесь проблемы использования изотопной техники можно исключить. Среди радиоактивных изотопов криптон-85 обладает наибольшими возможностями многостороннего использования. Относительно широкое применение криптон-85 находит как газообразный радиоактивный индикатор. Многочисленные экспериментальные исследования поведения газовой фазы, в частности в химической промышленности вообще можно проводить, только используя радиоактивный криптон в качестве индикатора. Кроме того, криптон можно использовать в приспособлениях для устранения электрического заряда, в приборах для измерения толщины и в чувствительных детекторах для аналитики следов в газах и в технике сигнализации пожаров. Примерами могут служить разработанные в ЦИИРИ универсальные ионизационные детекторы излучения (УИДИ) для газового хроматографа с целью исследования окружающей среды и аэрозольный ионизационный анализатор газов (АИГ), а также ионизационный сигнализатор дымовых газов народного предприятия ФЕБ Мессэлектроник Дрезден.

Большое значение как источник гамма-излучения имеет цезий-137, хотя из данных МАГАТЭ явствует, что в 1963 г. для радиотерапии лишь на 3% установок из 1600 использовали цезий-137. В СССР работает несколько установок, содержащих от 6 до 100 кКи цезия-137, прежде всего, в области стерилизации пищевых продуктов, пластмассовых аппаратур и медицинских изделий. В Западной Европе, кроме прочих установок, имеется радиационная установка с активностью в 200 *кКи* цезия-137.

Другой важной областью применения продуктов деления является их использование в качестве источника энергии. К числу радиоактивных изотопов деления, выделяющих тепло, относятся стронций-90, Цезий-137, прометий-147. Нагрев от продуктов деления непосредственно после разгрузки из реактора составляет приблизительно 1% производимой в реакторе тепловой энергии. Выделяющееся тепло однако быстро уменьшается и по прошествии времени ослабления в несколько лет определяется стронцием-90 и цезием-137. Стронций-90, прометий-147 и церий-144 можно использовать в качестве радиоизотопных батарей в трудно доступных областях Земли и в космосе. Так, например, с 1974 г. на маяке в Таллине работают 2 термоядерных генератора с мощностью в 60 вт при напряжении 40 В, источником энергии которых служит стронций-90 с активностью 240 *кКи*. Следует также отметить возможность использования прометия-147 в изотопных электрокардиостимуияторах и церия-144/прометия-144 и цезия-137/бария-137 для испытания материалов методом гамма-радиографии.

Выходящее за эти пределы использование резервов, имеющихся в ,,отходах'' ядерной энергии, определяется главным образом разработкой экономических способов отделения продуктов деления, причём с достоверностью можно утверждать, что количество продуктов деления, произведённых при ядерном делении, будет намного больше, чем спрос [43].

При всё возрастающем вовлечении атомных электростанций в прозиводство энергии увеличиваются возможности использования ядерных реакторов в промышленности для выработки полезной энергии. Намечается более комплексный характер использования ядерных реакторов в промышленности по мере лучшего овладения человеком ядерной техникой. Намечаются следующие 4 потенциальные возможности применения ядерного реактора, а именно в химической промышленности, требующей в среднем 10% произведённой энергии:

1. производство электроэнергии,
2. выработка технологического пара,
3. выработка тепла для технологических процессов,
4. выработка радиационной энергии для превращения в химическую энергию, для производства короткоживущих нуклидов и их применение в качестве радиоактивных индикаторов (в том числе для контроля процессов), а также для активации с помощью реактора на предприятиях.

В то время как впервые два направления являются мало характерными для отдельных отраслей промышленности, хотя и комбинированный режим, в котором вырабатывается либо электроэнергия, либо пар, выдвигает определённые требования относительно режима реактора, третье и четвёртое направление использования требуют уже в значительной степени отраслевой специфичности, которую следует учитывать как при проектировании подобных энергетических установок, так и при стратегической подготовке их применения в данной отрасли промышленности.

Поступила в редакцию 5/VI, 1979 г.

Литература

[1] Kerntechnische Praxis 1955 bis 1975, Werbeschrift des VEB Meßelektronik Dresden, Februar 1975
[2] Persönliche Mitteilung des VEB Meßelektronik Dresden
[3] *Petrosjanz*, Das Atom, Akademie-Verlag 1973
[4] Nuclear Techniques and Mineral Resources 1977, IAEA, Wien 1977
[5] *J. S. Watt*, Offenlegungsschrift BRD 2648 434 (v. 5. 5. 1977)
[6] *H. Glubrecht*, IAEA-Bull. **19** (1977) 37
[7] *J. Flachowsky, M. Geißler, G. Pfrepper*, Forschungsbericht Quecksilber-Instandsmessung Buna-Werke Schkopau 1969, unveröffentlicht
[8] Nuclear Techniques in the Basic Meteal Industries IAEA, Wien, 1973, STI/PUB/314
[9] *J. I. Krasotin, A. I. Tatarkin*, Isotope in der UdSSR **43** (1976)
[10] *G. F. P. Müller*, Wege zur Rationalisierung mittels radioaktiver Isotope, Beuth-Verlag Berlin, 1973
[11] *C. L. Smith, M. T. Brodmann*, Chem. Engin. **83** (1976) 13, 129
[12] Proc. Japan Conf. on Indust. App. of Radioisotopes Tokyo November 1971
[13] *H. Braun*, Chemie-Ingenieur-Technik **47** (1975) 903
[14] *K. Akermann, K. Sauerwein*, Untersuchung und Steuerung industrieller Verfahren mit kurzlebigen, am Einsatzort erzeugten radioaktiven Isotopen, Informationsheft des Büros Euroisotop No. 106 (1976)
[15] *G. Hartmann, K. Freyer*, Isotopenpraxis **2** (1966) 205
[16] *K. Akermann*, Informationsheft des Büros Euroisotop No. 95, Oktober 1974
[17] *K. Akermann*, Informationsheft des Büros Euroisotop No. 96, Januar 1975
[18] *H. Schmidt, J. Dubnack*, Isotopenpraxis **9** (1973) 251
[19] *K. Freyer, G. Hartmann*, RATIO 1 (1966) 26
[20] *K. Freyer, H. Baumbach, H.-Ch. Treutler, W. Birkholz, J. Flachowsky, R. Kurzhals*, Atomki Közl. 18 (1976) 143
[21] *K. Freyer, H. Baumbach, G. Hartmann*, Radioisotopy **13** (1972) 588
[22] *H. Baumbach, K. Freyer, D. Bautzmann, H. Koch*, Nukleonika **21** (1976) 199
[23] *L. Bartha, L. Kozma*, International Journal of Applied Rad. and Isot. **26** (1975) 219

[24] Forschungsbericht, ZfI-BTF (unveröffentlicht)
[25] *H. Baumbach, K. Freyer, W. Birkholz*, Atomki Közl **18** (1976) 155
[26] *R. L. Fleischer, H. W. Alter, S. C. Furmann, P. B. Puce, R. M. Walker*, Science **178** (1972) 255
[27] *H. Baumbach, K. Freyer, G. Kummer, W. Birkholz*, Isotopenpraxis **12** (1976) 81
[28] *G. Kummer, H. Baumbach, K. Freyer, W. Birkholz*, Isotopenpraxis **12** (1976) 145
[29] *H. Baumbach, K. Freyer, D. Fischer, S. Weisse*, Atomky Közl. **18** (1976) 137
[30] *K. Freyer, H. Baumbach, H.-Ch. Treutler*, Atomky Közl. **18** (1976) 185
[31] „10. Internationales Symposium Autoradiographie", Isotopenpraxis **14** (1978) Heft 6 und 7
[32] *G. Weise, K. Wetzel*, Isotopenpraxis **12** (1976) 219
[33] *H. Hübner, W. Richter, P. Kowski*, Studies on Relationships between Surface Water and Surrounding Groundwater at Lake Schwerin (GDR) Using Environmental Isotopes, Proceedings of Advisory Group Meeting on the Application of Nuclear Techniques on the Studies of Lake Dynamics, Wien, September 1977, im Druck
[34] *K. Friese, B. Hößelbarth, H. Rehor, J. Reinhardt, W. Reichert, W. Kochmann, K. Trautner, P. Schmidt, D. Bertram*, WP 111388
[35] *H. Bär, M. Bär, E. Dahn, B. Eckert, J. Reinhardt, H. Schulze, G. Tamme, K. Wetzel*, WP-G 21 K/204 755
[36] *D. Bertram, O. Brede, W. Helmstreit, R. Mehnert*, Z. Chem. (Leipzig) **15** (1975) 125
[37] *R. Mehnert, O. Brede, J. Bös*, Z. Chem. **17** (1977) 268
[38] *R. Mehnert, W. Helmstreit, J. Bös, O. Brede*, Radiochem. Radioanal. Letters **30** (1977) 389
[39] *G. Cserep, O. Brede, W. Helmstreit, R. Mehnert*, Radiochem. Radioanal. Letters **32** (1978) 15
[40] *C. A. Rohrman*, BNWL-25
[41] Rep. ORNL-4451 (1971)
[42] *H.-J. Große, P. Popp*, Technik und Umweltschutz, Heft 21, VEB Deutscher Verlag für Grundstoffindustrie (im Druck)
[43] *H. Ramdohr*, Kerntechnik **12** (1970) 328

Об эффективности применения изотопов в промышленности

Л. Янковский

(Центральный институт изотопных и радиационных исследований, Лейпциг, ГДР)[1])

Технология, методы и приборы изотопной техники и их применение в народном хозяйстве, особенно в промышленности, являются конечными результатами длительной работы в области исследований, проектирования и опытного производства. Эффективность применения изотопной техники и в особенности её экономическая эффективность зависит от масштабов внедрения этой техники и средней экономической эффективности на единицу применяемой техники (прибора, метода или технологии) в различных отраслях народного хозяйства. Из сопоставления затрат на изотопные и радиационные исследования и общего экономического эффекта от применения изотопной техники в ряде стран была определена общая экономическая эффективность изотопных исследований. Анализ структуры и динамики указанного коэффициента эффективности в отдеьных странах за большой период времени составляет главное содержание настоящего доклада. Определение общей экономической эффективности целой отрасли исследований, проведённое по разработанной нами методике на примере изотопных исследований в ряде стран, позволяет сделать выводы о состояний и тенденциях развития этих исследований в международном масштабе и может служить хорошей основой для решений в области научной политики стран.

(F13) INIS DESCRIPTORS:

cost benefit analysis; economics; efficiency; industry; isotope applications; radioisotopes; regional analysis; research programs; uses

Формулированная в заглавии задача, заключающаяся в анализе эффективности применения радиоизотопных методов в промышленности и исследовании тенденции развития этого экономического показателя на различных стадиях процесса общественного воспроисводства в различных странах включает в себя анализ эффективности изотопных и радиационных исследований, особенно прикладных исследований в отрасли изотопной техники применяемой в промышленности.

Методы и приборы изотопной техники и их применение в народном хозяйстве, в особенности в промышленности, являются конечными результатами длительных процессов исследований, проектирования, опытного прозиводства и внедрения.

Народнохозяйственная эффективность применения изотопной техники и в особенности её экономическая эффективность являются функцией масшабов этот го применения и средней экономической эффективности на единицу лрименения (прибора, метода или технологии). Сумма эффектов от применения всех приборов или методов в народном хозяйстве является общим экономическим эффектом изотопной техники данной страны. Сопоставление затрат стран на изотопные исследования и общего экономического эффекта от применения изотопной техники за длительный отрезок времени, включая методические вопросы такого рода сопоставления, являются главной темой предлагаемого доклада. В результате сопоставления затрат и эффектов были определены коэффициенты экономической эффективности изотопных и радиационных исследований в элементарном (т. е. единичном, ориентированным на единицу применения), национальном (по отношению к данной стране) и глобальном (по отношению ко всем социалистическим и капиталистическим странам) масштабе. При этом анализировались тенденции развития этих коэффициентов и факторы, влияющие на их изменение.

Таким образом главное содержание доклада касается экономического анализа затрат и эффектов (при были) важного, определяющего направления научных исследований в целом и не содержит экономического анализа применения изотопной техники и её отдельных конкретных приборов и методов в промышленности. Сравнение затрат и прибыли отдельных изотопных приборов и методов с альтернативными прибо-

[1]) Anschrift: 705 Leipzig, Permoserstr. 15

рами и методами традиционной техники является исходным материалам анализа.

В процессе такого рода сопоставления затрат и эффектов изотопной техники и изотопных исследований в целом возникает вопрос, что такое эффекты исследования, могут ли они быть определены в численном виде и употреблены для экономического анализа, возможно-ли вообще провести такой анализ.

Если на все эти вопросы следуют утвердительные ответы, то всё-же необходимо отметить, что непосредственные экономические эффекты (прибыль), получаемые в результате внедрения изотопной и радиационной техники в народном хозяйстве являются только частью общего эффекта. Другие эффекты, как например социальные, культурные, общепознавательные и другие, не могут быть пока точно определены и выражены в численном виде. В виду несовершенства методического аппарата и нехватки точных статистических данных эти эффекты изотопной техники могут быть выражены только в качественной форме.

Для уточнения этих аспектов определения эффективности изотопных исследований все народнохозяйственные эффекты применения изотопных методов могут быть в общем виде подразделены следующим образом:

— *Экономических эффекты*
Снижение себестоимости производства путем экономии затрат материала, энергии, рабочего времени, повышение качества производства, изделий и материалов, возможность пориводства качественно новых материалов и изделий, основа комплексной механизации и автоматизации производственных процессов, экспорт изотопов, меченых соединений и приборов изотопной техники

— *Социальные эффекты*
Применение изотопных и радиационных методов и приборов в медицине, биологии, сельском хозяйстве для исследования элементарных процессов и явлений, в диагностике и терапии, для исследования проблем внешней среды, метеорологии и т.д.

— *Другие эффекты*
Применение изотопных и радиационных методов и приборов для повышения обороноспособности, для широкого использования в фундаментальных исследованиях для познавательных целей и т.д.

Несовершенство и неполнота статистического материала по определению общего эффекта исследований в отдельных отраслях науки и методические трудности в этой отрасли затрудняют подготовку решений по руководству и управлению наукой. Сознание этих трудностей привело к развитию ряда вспомогательных методов определения эффективности отдельных направлений научно-технического прогресса, которые разрешают принимать более обоснованные решения в отрасли научной политики. Само определение эффективности исследовании становится в последнее время центральной задачей экономики науки. Критерии эффективности отдельных научных направлений принадлежат к тому роду критериев, на основе которых решаются вопросы о продолжении или прекращении исследовательских работ в национальном и международном масштабе. Таким образом, точные или по крайней мере, достаточно вероятные данные о потенциальной, фактической или ожидаемой эффективности исследований являются очень важной основой государственной политики в отрасли науки.

Анализ эффективности науки ведётся как правило по двум аспектам:

1. Как эффективность процесса исследований; в этом случае рассматривается отношение цели исследований и необходимых для его достижения средств.
   Такого рода эффективность исследований является функцией организации и управления процессом науки.

2. Как эффективность результата исследований т. е. его непосредственных отношений с народным хозяйством. В этом процессе определение эффективности на отдельных этапах цикла исследование-производства является не только возможным, но и необходимым. Возможность количественного определения затрат и эффектов увеличивается с переходом исследований от стдаии фундаментальных исследований к прикладным и дальше к этапам развития, проектирования и внедрения результатов в производство. Точному определению подвергаются в этом процессе как непосредственные затраты на отдельные отрасли исследований, так и эффекты получаемые в результате внедрения в производство новых процессов, технологии, материалов, машин и приборов.

В предлагаемом докладе анализируется именно второй аспект эффективности исследований. Рассматривается весь цикл изотопных и радиационных исследований, включая фундаментальные и прикладные исследования в этой отрасли с точки зрения затрат и эффектов. Для проведения такого рода сопоставлений имеется достаточно много довольно точного статистического материала. Рассмотрение строго ограниченной отрасли исследований разрешает с другой стороны выполнить методическое требование экономии науки, требование ,,идентичности народнохозяйственного эффекта сопоставимых вариантов‘‘ [1]. Это означает, что в результате внедрения изотопной техники в промышленности возникают строго определяемые экономические эффекты, которые могут быть просто сопоставлены с определёнными затратами на проведение исследований.

Для проведения такого рода анализов экономикой науки был разработан ряд методов [2—5], содержание которых сводится в основном к определению следующих параметров:

$$E = R \cdot M \cdot P - A_{\text{n}}(1 + E_{\text{n}}) \quad (1)$$

где:

E = абсолютный экономический эффект, получаемый в народном хозяйстве в результате внедрения изотопной техники

R = экономический эффект от внедрения определенного метода, прибора, материала и т.д.

M = масштаб внедрения, т. е. количество методов, приборов, материала, которые были внедрены в народное хозяйство как результаты изотопных и радиационных исследований

P = вероятность достижения планированного эффекта, масштаба внедрения или технико-экономических параметров новой техники. Учитывая этот показатель, мы говорим о различных показателях эффективности; об ожидаемой, фактической и потенциальной. По Верегу [6] эти показатели изменяются от 0,3—0,5 для прикладных исследований и стадий разработки технологического задания, 0,5—0,7 для разработки технологического проекта до 0,9—1,0 при поризводстве ,,0'' ой серии, в серийном производстве и применении приборов и методов на практике,

$A_n(1 + E_n)$ = Затраты на исследование и внедрение с учётом затрат на расширенное воспроизводство основных средств науки $(1 + E_n)$

Эффекты применения изотопной и радиационной техники во всех отраслях народного хозяйства в общем виде могут быть выражены следующей формулой:

$$E_V = \sum_{i=1}^{n} E_i \cdot M_i \cdot P_i - A_n(1 + E_g)_i \qquad (2)$$

где:

E_V = эффекты всего народного хозяйства от применения изотопных и радиационных методов и приборов в ,,i''-отраслях $(i = 1 \ldots n)$

E_i = экомомический эффект отрасли ,,i'', получаемый в результате внедрения изотопной и радиационной техники

P_i = вероятность достижения планируемого эффекта, объёма внедрения или параметров производства в ,,i''-ой отрасли

$A_n(1 + E_g)_i$ = затраты на исследования и внедрение с учётом затрат на расширенное воспроизводство основных средств отрасли исследований ,,i''.

Как видно из формул (1) и (2) эффекты на единицу применения изотопной техники (прибор, метода) и объём, внедрения этой техники в народном хозяйстве являются основными параметрами для определения эффективности изотопных исследований. Показатель вероятности и затраты, связанные с расширенным воспроизводством основных средств науки, могут быть учтены в форме долгострочных средних величин, и, таким образом не влияют на определение и выявление тенденции развития параметра эффективности.

Экономические эффекты на единицу применения изотопной техники (прибора, метода, технологий) возникают в результате экономий рабочего времени, материала, энергии, повышения качества производства и улучшения показателей и параметров изготовляемых продуктов и выражаются в конечном счёте в снижении себестоимости или повышении цены производства.

В масштабе всего народного хозяйства эти эффекты могут быть выражены следующей формулой:

$$E_{ISF}^{FF} = \sum_{i=1}^{n} (S_1 - S_2)\, U_i \qquad (3)$$

где:

E_{ISF}^{FF} = общий экономический эффект от применения изотопной техники в $i(i = 1 \ldots n)$ отраслях народного хозяйства

S_1, S_2 = себестоимость производства без применения и с применением изотопной и радиационной техники на единицу применения

U_i = Объём применения изотопной и радиационной техники в ,,i'' отраслях $i\ (i = 1 \ldots n)$

В результате сопоставления общего экономического эффекта ,,E_{ISF}'' по формуле (3) с затратами на изотопные и радиационные исследования получаем ,,коэффициент эффективности изотопных и радиационных исследований'' по всему народному хозяйству данной страны. Учитывая в этом сопоставлении параметр времени, получаем или зафиксированный на определённый год или же средний суммарный коэффициент эффективности и данные по его изменению за весь период изотопных исследований. В нашем примере анализируется отрезок времени от 1950 по 1985 годы.

Таким образом сопоставление затрат на изотопные исследования и экономических эффектов применения изотопной и радиационной техники по странам или группам стран, при наличии необходимого статистического материала, может быть выражено следующей формулой:

$$E_{ISF} = \frac{\sum_{i=1}^{n} \sum_{j=1}^{m} (S_1 - S_2)\, U_{ij}}{\sum_{i=1}^{n} \sum_{j=1}^{m} (G_{ij} + A_{ij} + E_{ij})} \qquad (4)$$

где:

S_1, S_2 = эффекты на единицу применения изотопной техники

U_{ij} = объём применения изотопной техники (приборов, методов) в ,,i''-стране $(i = 1 \ldots n)$ за ,,j''-лет $(j = 1 \ldots m)$

G_{ij}, A_{ij}, E_{ij} = затраты на изотопные исследования и внедрение в ,,i''-странах за ,,j''-лет.

Графически (Рис. 1), такого рода сопоставление может быть представлено следующим образом, причём формула (4) принимает более общее выражение [5].

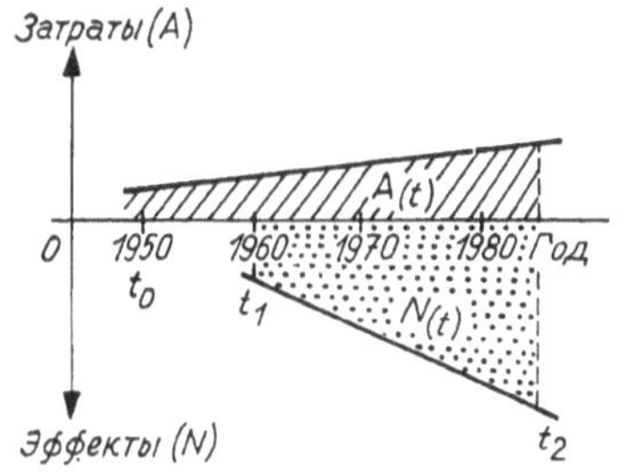

$$E_{ISF} = \frac{\int_{t_1}^{t_2} N(t)\, dt}{\int_{t_0}^{t_2} A(t)\, dt} \qquad (5)$$

Рис. 1. Затраты и эффекты изотопной и радиационной техники

где:

E_{ISF} = коэффициент экономической эффективности изотопных и радиационных исследований по стране или группе стран

$N_{(t)}$ = народнохозяйственный эффект от применения изотопной и радиационной техники за время ,,i'' в стране или группе стран

$A_{(t)}$ = затраты на изотопные и радиационные исследования в стране или группе стран за время ,,t''

t_0 = начало изотопных исследований, направленных на удовлетворение нужд народного хозяйства в более широком масштабе (1950—1955)

t_1 = первые народнохозяйственные эффекты от широкого применения изотопной техники (1960)

t_2 = время определяющее границу экстраполяции со сравнительно высокой вероятностью результатов (1985)

Для определения экономического эффекта на единицу (прибор, метод) применения изотопной техники применяются в основном те-же методы, которые используются для определения экономической эффективности новой техники или инвестиций. При этом учитываются специфические особенности изотопной техники, такие как оборудование по радиационной защите и его затраты, период полураспада изотопов, особенности транспортировки и т.д. Эти методы экономической науки [7—10] используют целый ряд основных и вспомогательных параметров. К основным параметрам относятся: инвестиционные затраты на изотопную технику, себестоимость производства с применением изотопной техники, период отдачи инвестиционных затрат, коэффициент эффективности и повышение производительности труда.

В общегосударственном масштабе к основным параметрам относится кроме этого прибыль от продажи в стране или от экспорта радиоактивных и стабильных изотопов, меченных соединений и приборов изотопной техники.

К вспомогательным параметрам относятся: удельные затраты энергии, горючего, материала, сырья, удельные и абсолютные затраты рабочего времени, экономия рабочей силы и другие.

Параметры повышения условий труда и его безопасности не подлежащие точному стоимостному измерению тоже берутся во внимание в процессе определения единичных эффектов изотопной техники. Учёт параметров ,,инвестиции" и ,,основные средства" необходим для планирования и балансировании капитальных затрат в масштабе всего народного хозяйства и с другой стороны для определения амортизационных отчислений. Снижение себестоимости производства в результате внедрения изотопной и радиационной техники в народном хозяйстве является основным параметром для определения эффективности этой техники и основным условием её применения.

В литературных источниках содержатся сведения о развитии изотопной техники в отдельных странах, включая данные об отдельных методах, отраслях применения, экономике отдельных приборов и методов за разное время. В данном анализе используются только эти методы и приборы, параметры и условия применения, которые являются типовыми для данной группы методов. Для проведения детального экономического анализа все изотопные и радиационные методы и приборы были разделены на три группы:

— промышленное применение изотопных приборов (радиоизотопные реле, приборы для измерения уровня, густоты, толщины, приборы для различного рода промыщленных анализов и т.д.)

— радиационные методы и приборы, приборы радиографии, гамма-дефектоскопий,

— применение меченных соединений в промышленности.

В странах СЭВа, в развитых капиталистических странах и во все большей степени в развивающихся странах промышленное применение изотопной и радиационной техники принадлежит к главным отраслям мирного использования атомной энергии. В настоящее время предприятиями атомной промышленности выпускается около 2000 различных изотопных приборов для промышленного применения. Одновременно наблюдается тенденция к более комплексным решениям, неправленным на управление и контроль технологичных процессов, интенсификацию обработки полученных данных измерения с применением электронной вычислительной техники. Экономические эффекты применения изотопных приборов и методов отличаются по величине в зависимости от конкретных условий применения (альтернативные решения, объём производства или применения, затраты на введение прибора или метода в технический или технологический процесс и т.д.) и отрасли народного хозяйства, в которой они применяются. Путём анализа большого числа конкретных случаев применения изотопных приборов и методов определяются средние эффекты по отрасли и в последствии по всему народному хозяйству.

Результатами такого рода экономического анализа являются последующие примеры конкретных эффектов применения изотопной техники.

Применение гамма-реле на предприятиях угольной промышленности и рудниках СССР привело по Пасечнику [7] к снижению себестоимости производства и экономическому эффекту величиной 4,3—5,9 тысяч рублей на прибор в год. Для регулирования и автоматизации трансопрта угля и руды в Брянске и Кривом Роге применялись гамма-реле. Полученные в результате этого применения эффекты достигли 2,25 тыс. рублей на прибор в год. Автоматизация процесса транспорта угля и загрузки бункеров с применением гаммареле привела к значительному снижению себестоимости процесса и образованию экомического эффекта в 5,7 тыс. рублей на прибор в год.

Применение изотопных приборов для снятия электростатического заряда (изотопные нейтрализаторы) в текстильной и других отраслях лёгкой промышленности привело к образованию экономического эффекта величиной в 1,4—3,0 тыс. рублей на прибор в год [10, стр. 219]. На ткацих станках было достигнуто увеличение производительности труда на 8%, снижение себестоимости процесса на 0,2—0,8%, 1,2—5 кратное снижение разрыва нити и увеличение скорости рабочего процесса на 20—30%.

Благодаря применению изотопных приборов для измерения уровня на некоторых промышленных предприятиях СССР было достигнуто увеличение производительности труда на 2,1% и достигнут экономический эффект порядка 2,37 тыс. рублей в год в расчёте на один прибор. Применение этих приборов для измерения уровня угля в транспортных процессах привело к эффекту величиной в 6,9 тыс. рублей на прибор в год. Методы определения экономической эффективности применения изотопных приборов для измерения уровня в тяжёлой промышленности описывает Пуртова [10]. Определённые сю эффекты насчитывают 26,0—104,0 тыс. рублей в год. Такие эффекты могут быть достигнуты при очень большом объёме производства и его широкой автоматизации.

Применение изотопных приборов для измерения толщины во флотационных установках для обогащения руды привело к увеличению производства и к экономическому эффекту 3,7 тыс. рублей на прибор в год.

Во многих отраслях легкой промышленности применялись приборы для измерения плотности (шерсти, табака). Полученные при этом эффекты достигли 2,4 то 5,6 тыс. рублей на прибор в год.

На основе анализа обширного статистического материала по конкретному применению изотопных приборов первой группы была установлена для промышленности стран СЭВа средняя норма прибыли в 3000 рублей на прибор в год. Такая норма соответствует большинству полученных эффектов и среднему объёму производства.

Развитие применения приборов гамма-дефектоскопии в промышленности социалистических стран может служить хорошим примером очень быстрого развития этой техники. Число этих приборов увеличивается в социалистических странах в среднем на 15—20% в год. Уже в 1967 году, т. е. десять лет тому назад, в промышленности СССР, благодаря применению этих приборов, был достигнут экономический эффект величиной в 2,5 миллиона рублей, в 1970 году этот эффект увеличилься до 7,5 миллиона рублей. По расчётам Пуртовой [10], общий экономический эффект от применения приборов гамма-дефектоскопии и радиографии в промышленности СССР достиг в 1970 году около 30,0 миллионов рублей, а средний рост применения 10—15% в год. Акапов [9] рассчитал, что 4500 гамма-дефектоскопов применяемых в различных отраслях промышленности СССР (около 80% всех случаев применения), привело к образованию экономического эффекта величиной в 40,0 миллионов рублей, т. е. около 8900 рублей на прибор в год.

Главная отрасль ирименения этих приборов — это контроль качества сварки и изделий получаемых в литейных процессах. Как видно по материалам различных предприятий и отрасли промышленности применение гамма-дефектоскопов для контроля промышленных изделий позволяет увеличить производительность труда по сравнению с другими методами в 1,5—2,0 раза. В работах Пасечника [7] и Бекера [11], средний экономический эффект от применения дефектоскопов в промышленности социалистических стран определяется суммой 2,3—2,5 тысяч рублей на прибор в год. Сравнение большого числа применений гамма-дефектоскопов в промышленности разрешает определить средний уровень экономического эффекта по этим приборам как 5500 рублей на прибор в год. Этот средний уровень соответствует большинству рассчитанных конкретных эффектов и получается промышленным предприятием при среднем объёме производсдтва.

Третья группа приборов и методов изотопной техники, которая очень быстро развивается и находит применение во всё больше отраслях народного хозяйства — это радиационные методы, т. е. методы, использующие радиационное излучение для водзействия на различного рода материалы и процессы. Использование больших облучающих установок для индукции (индуцирования) химических реакций, изменения свойств материалов, стерилизации, облучения сельскохозяйственных продуктов с целью увеличения их качества и сроков хранения разрешает в высокой степени повысить производительность труда, снизить затраты и тем самым является источником важных экономических эффектов.

Виленский [12] анализирует экономическую эффективность применения радиационных методов в промышленности СССР на примере некоторых установок химической промышленности и сельского хозяйства. По его расчётам применение радиационной техники в некоторых процессах химической промышленности ведёт к снижению себестоимости на 3—5% и к увеличению производительности труда до 20%. Так например радиационная установка для производства полиакриламида принесла за год экомоический эффект в 1,0 миллион рублей, а установка для производства сульфоната на другом предприятии привела к образованию экомномического эффекта величиной в 500—600 тысяч рублей в год при капитальных затратах около 500 тысяч рублей. Применение радиационной установки для улучшения качества изоляционного материала привело к значительному снижению себестоимости производства и к эффекту 2,5—3,5 миллионов рублей в год. Сравнительно высокие экономические эффекты были достигнуты в результате применения радиационных установок для облучения сельскохозяйственных продуктов и стерилизации. Эффекты, которые были например достигнуты в установках по облучению мяса составили в среднем по 12 установкам 20—60 тысяч рублей на установку в год. Путём облучения картофеля было достигнуто значительное увеличение качества продукта и урожая в целом, и, таким образом, достигнут эффект 70—80 тысяч рублей на установку в год. Стерилизация медицинских орудий и продуктов фармацевтической промышленности привела в результате применения облучающей установки к образованию эффекта в 30—50 тысяч рублей в год.

Анализ результатов большего числа эксплуатируемых радиационных облучающих установок в промышленности социалистических стран позволяет определить среднюю норму экономического эффекта примерно на 50000 рублей на установку в год. По применению методов меченных атомов в социалистических странах за 1965—1975 годы имеется достаточно статистического материала. Эффекты, которые достигаются благодаря применению этих методов для определения степени износа деталей машин, для автоматизации и контроля технологических и технических процессов на основе постоянного комплексного анализа процессов, веществ и параметров являются как правило эффектами увеличения объёма производства, уменьшения затрат (материала, сырья, энергии) и повышения качества производства. В настоящей работе в расчёт экономических эффектов методов меченных атомов за 1955—1977 принимаются общие эффекты этих методов, полученные в эти годы странами во всём народном хозяйстве. Эти показатели были получены путём довольно сложных расчётов по разработанной автором методике и экстраполированы за 1977—1985 годы.

Путём детального анализа динамического развития применения изотопной техники в промышленности социалистических стран [4, 14—17] и изучения экономических показателей применения этой техники в различных отраслях промышленности [18—23] был определен общий экономический эффект для каждой страны СЭВа в отдельности и суммарный экономический эффект применения изотопной и радиационной техники для всех социалистических стран в целом.

Такая же методика была применена для определения экономической эффективности изотопных и радиационных исследований в капиталистических странах [4]. За основу этих расчётов были взяты многочисленные статистические данные по промышленному применению изотопной техники, радиографии и дефектоскопии, в особенности материалы анализа МАГАТЭ [8], ряд анализов „ЕУРОИЗТОП" по отдельным отраслям промышленности [13, 24—26] и ряд публикаций по отдельным капиталистическим странам [13, 27—32] и др. На основе анализа многочисленных статистических данных по капиталистическим странам были впоследствии определены средние нормы экономического эффекта по группам изотопной и радиационной техники в этих странах.

— Для промышленных приборов по измерению толщины, плотности, уровня, реле и других — 3500—5000 долларов на один прибор в год,

— для приборов гамма-радиографии и дефектоскопии — 5000—8000 долларов на один прибор в год [1971/72].

Эффекты от применения радиационной техники в капиталистических странах учитывались в комплексе со второй группой приборов. По другой методике велись

Табл. 1

Страна	Развитие применения изотопных приборов в капиталистических странах (количество приборов)					
	1960	1965	1970	1975	1980	1985
США	4650	11000	31500	103000	215000	350000
Великобритания	760	2143	5330	11700	34000	90000
Франция	1190	1965	5000	8300	26500	80000
ФРГ	1210	1647	5000	12000	31000	95000
Япония	185	520	2155	7550	20000	59000
другие капитал. страны	5753	11534	30500	91900	290100	690000
Все капиталист. страны	13748	28809	79485	234450	616800	1364000

Табл. 2.

Страна	Экономические эффекты от применения изотопной техники в капиталистических странах (миллионы долларов — 1971/72)					
	1960	1965	1970	1975	1980	1985
США	31,0	100,0	420,0	850,0	1300,0	4000,0
Великобритания	33,0	45,2	50,5	150,0	250,0	500,0
Франция	7,6	11,0	25,0	50,0	140,0	360,0
ФРГ	9,0	14,5	30,0	48,0	95,0	250,0
Япония	3,0	6,5	20,0	41,0	75,0	140,0
другие капитал. страны	46,9	107,0	182,3	449,5	870,0	1690,0
Все капиталист. страны	130,5	284,2	727,8	1588,5	2730,0	6940,0

Табл. 3.

Страна	Затраты на изотопные и радиационные исследования в капитал. странах (миллионы долларов — 1971/72)							
	1950	1955	1960	1965	1970	1975	1980	1985
США	18,0	33,0	48,0	59,4	105,6	129,6	145,0	157,0
Великобритания	1,4	3,9	8,7	9,4	14,2	15,2	16,4	17,4
Франция	2,0	14,8	32,8	34,4	30,0	35,1	35,5	37,8
ФРГ	—	0,8	4,2	12,3	28,1	54,0	48,5	41,6
Япония	—	0,2	0,6	0,9	3,2	12,2	28,5	53,4
другие капитал. страны	0,9	4,0	14,0	26,8	39,0	72,9	101,1	172,8
Все капиталист. страны	22,3	57,0	109,9	143,2	220,1	318,0	375,0	480,0

расчёты эффектов применения методов меченных атомов [4]. Из анализа показателей применения изотопной и радиационной техники в промышленности капиталистических стран следует, что за период 1960—1975 ежегодное увеличение объёма применения составило около 10—15%. Такой средний показатель был принят за основу экстраполяции эффектов за 1975—1985 годы так для капиталистических как и для социалистических стран. Более деталный анализ показателей эффективности на отдельных примерах показывает более высокую норму роста применения изотопной техники и её эффектов [10—18%], но для всех стран СЭВа и большинства капиталистических стран принятые нормы роста являются наиболее вероятными.

На основе таким образом определенных средних норм экономического эффекта была определена экономическая эффективность изотопных и радиационных исследований в социалистических и капиталистических странах. Определение показателя производилось на основе обширной матрицы, включающей 6 параметров по 16 странам за 25 лет. В табл. 1, 2 и 3 включены в качестве примера данные по затратам и эффектам ряда стран, с тем, чтобы продемонстрировать тенденции развития этих показателей. Рост затрат и эффектов изотопных исследований и изотопной техники по всем капиталистическим странам за весь исследуемый период указан на рис. 2. Из данных таблиц видно, что развитие изотопной техники в капиталистических странах

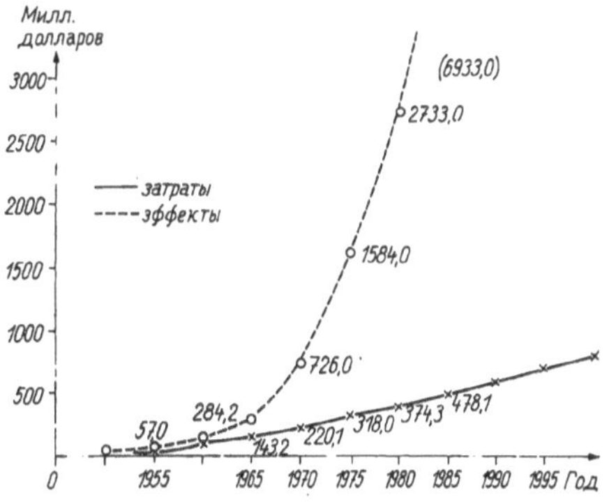

Рис. 2. Затраты на изотопные и радиационные исследования и эффекты от применения изотопной техники в капиталистических странах

происходит очень интенсивно. Среднее темпы роста применения изотопных приборов и методов составляют около 20—25% в год. Применение методов меченных соединений в технологических и технических процессах растёт такими-же темпами, т. е. около 20% в год. Причиной этого интенсивного роста изотопной техники является в основном применение изотопной техники для решения более комплексных, качественно новых технических и технологических вопросов народного хозяйства и её очень широкое применение.

Суммируя общий экономический эффект от применения изотопной техники по всем капиталистическим странам за весь исследуемый промежуток времени от 1960 по 1985 годы получаем величину 46,0 миллиардов долларов.

Этот экономический эффект сопоставляется с затратами на изотопные и радиационные исследования капиталистических стран за 1950 по 1985 годы. Представленные в табл. 3 данные служат для иллюстрации величины затрат в различных странах и демонстрирования общей тенденции развития этих затрат, они фрагмент более полной матрицы, включающей данные по 16 странам за 25 лет. По этим данным всеми капиталистическими странами выдано или будет выдано в 1950 по 1985 год на изотопные и радиационные исследования 7,7 миллиардов долларов. Сопоставление обеих сумм, т. е. эффектов и затрат за весь исследуемый период даёт в итоге коэффициент экономической эффективности изотопных и радиационных исследований, 5,9, причём наблюдается тенденция роста этого коэффициента. Так например, в 1960 году, на каждый до этого времени на изотопные и радиационные исследования затраченный доллар от внедрения изотопной техники был получен эффект в 1,2 доллара. В 1975 году этот эффект составил уже около 5,0 долларов а в 1980 году достигнет по всей вероятности 7,0—8,0 долларов.

Широкое внедрение изотопной и радиационной техники в капиалистических странах в 1960—1985 годах приведёт к образованию экономического эффекта величиной в 40 миллиардов долларов. Эта очень высокая эффективности изотопных исследований и изотопной техники, особенно в развитых капиталистических странах, промышленность которых характеризуется очень высокой степенью концентрации капитала и высоким технологическим уровнем, является одной из основных причин столь высоких темпов внедрения изотопной техники в этих странах.

Очень высокой эффективностью обладает применение изотопной и радиационной техники в социалистических странах [33]. Количество применяемых изотопных приборов в этих странах постоянно растёт. Так например в 1963 году было применено в народном хозяйстве стран СЭВа 13875 изотопных приборов; в 1965 году 33000, в 1970 году 58000 и в 1975 году около 95000. Если взять за основу эти темпы роста, тогда в 1980 году будет применено около 150000, а в 1985 году около 250000 изотопных приборов. Экономически эффекты, которые получает народное хозяйство социалистических стран от внедрения изотопной и радиационной техники, указаны в таблице 4.

Табл. 4.

Год	Экономические эффекты от применения изотопной техники в странах СЭВа (миллионы рублей)
1960	96,4
1965	254,2
1970	473,9
1975	901,0
1980	1440,0
1985	2170,0

Суммируя экономические эффекты за весь исследуемый период от 1960 по 1985 годы получаем для всех социалистических стран от применения изотопной и радиационной техники общий экономический эффект 25,0 миллиардов рублей. Средний коэффициент эффективности изотопных и радиационных исследований для стран СЭВа за период 1955—1985 годы равняется около 5,0 и постоянно растёт. Так например, за каждый рубль рубл, затраченный социалистическими странами в 1960 году на изотопные и радиационные исследования от применения изотопной и радиационной техники в народном хозяйстве был получен эффект в 2,15 рублей; в 1975 году этот эффект достиг величину 5,55 рублей.

Развитие изотопной техники в странах СЭВа может быть представлено следующими параметрами:

1. За период от 1960 по 1985 годы рутинное применение изотопных приборов в народном хозяйстве растёт на 15—20% в год и удваивается за каждые пять лет.
2. За исследуемый период изменяется структура эффекта. Удельная часть экономического эффекта, получаемого в результате нрименение методов меченных атомов, уменьшается с 50—60% в 1960—65 г. на 45—50% в 1975.
   Одновременно растёт удельная часть эффекта образующегося в народном хозяйстве в результате применения изотопных приборов и методов в особенности для решения комплексных технических и технологических задач.
3. Общий экономический эффект от применения изотопной техники в народном хозяйстве стран СЭВа растёт на 18—20% ежегодно.
4. Затраты социалистических стран на изотопные и радиационные исследования за период 1955—1960 возрастали в среднем на 5—8% в год. В период 1960—70, в результате очень быстрого роста затрат на исследования в отрасли атомной энергетики, наблюдалось относительное уменьшение доли затрат на изотопные исследования. Начиная с 1970 г. доля затрат на изотопные исследования в странах СЭВа растёт. Она составляет в настоящее время около 8—10% всех затрат на атомную науку.

Внимательный анализ данных по эффектам и затратам изотопных и радиационных исследований в мире за последние 30—40 лет показывает, что это отрасль мирного использования атомной энергии в настоящее время характеризируется самым высоким коэффициентом экономической эффективности.

Особенно высокая эффективность изотопной техники в народном хозяйстве является основной причиной её широкого применения и быстрых темпов роста.

Анализируя состояние изотопной техники в настоящее время и её применение можно сделать вывод, что степень насыщенности, т. е. отношение настоящего уровня применения к потенциальному уровню, составляет примерно 30—40%. В период 1970—2000 годы нужно считаться с дальнейшим быстрым применением изотопной техники в народном хозяйстве, причём особенно быстро будет повидимому возрастать применение качественно новых приборов и методов изотопной техники. Учитывая эти обстоятельства, необходимым становится расширение фронта изотопных и радиационных исследований и их интенсификация во всех странах СЭВ и усиление международного сотрудничества и кооперации в этой отрасли.

Поступила в редакцию 5/VI, 1979 г.

Литература

[1] *W. W. Nowoschilow*, Die Messung von Aufwand und Ergebnis. Verlag Die Wirtschaft, Berlin 1970, S. 51

[2] *L. Riha*, Wissenschaftlich-technischer Fortschritt und ökonomischer Nutzen. Verlag Die Wirtschaft, Berlin 1967, S. 196–211

[3] *Л. М. Гатовский*, Научно-технических прогресс и экономика развитого социализма Издательство Наука, Москва 1974, стр. 344–349

[4] *L. Jankowski*, Kernforschung und Kerntechnik – volkswirtschaftliche Bedeutung, Potential und Effektivität. Zentralinstitut für Isotopen- und Strahlenforschung der AdW der DDR, Dissertation B Leipzig 1975, 399 S.

[5] *В. Трапезников*, Научно-технический прогресс и эффективность науки Вопросы экономики, Москва 1973, п. 2, стр. 95

[6] *П. Л. Вегер*, Методика определения экономического эффекта исследований и разработок Москва 1973, Институт экономики АН СССР, Тезисы автора

[7] *Л. Д. Пасечник*, Экономическая эффективность применения радиоактивных изотопов в промышленности Наукова Думка Киев 1969, 167 З.

[8] Industrial Radioisotope Economics IAEA, 1965, 571 S.

[9] *В. С. Акопов, Ю. П. Мутрин, В. Н. Постников*, Методика технико-экономического анализа применения радиоизотопных срегсмб контроля в технике Атомиздат 1974, 198

[10] *M. J. Purlowa*, Isotopenpraxis 5 (1969) 209

[11] *E. Becker*, Isotopenpraxis 6 (1970) 381

[12] *М. А. Виленский*, Научно-технический прогресс и эффективность общественного производства Москва 1972, стр. 316–317

[13] *B. Röper*, Die radiometrische Industrie der Länder der Europäischen Gemeinschaft Eurisotop, Nr. 88, Studie des Büros Eurisoto, 1975, 286 S.

[14] *S. P. Martinow*, Isotopenpraxis 5 (1969) 174

[15] *G. Ertel*, Isotopenpraxis 10 (1974) 348

[16] *K. Uhlig*, Isotopenpraxis 7 (1971) 37

[17] Die Anwendung radioaktiver Nuklide in der DDR. Isocommerz GmbH, Berlin, Stand 1970–1974

[18] *В. Смоляк*, Радиоизотопный контроль и автоматика в черной металлургии. Москва 1972

[19] *В. Василиев*, Радиоактивные изотопы в электронной технике. Москва 1971

[20] *В. Емельянов*, Применение радиоизотопных приборов для контроля и управления производственными процессами. A/CONF./49/P/465

[21] *M. Radwan, T. Rzymkowski*, Nukleonika 16 (1971) 412

[22] Fortschritte in der Anwendung von Radioisotopen für die Verfahrenstechnik und Fabrikationskontrolle. Kerntechnik 14 (1972) 463

[23] *A. Gerre*, Kerntechnik 14 (1972) 203

[24] *K. Heier*, Radiometrische Füllstandsmessung und Regelung. Eurisotop, Nr. 69, 1972

[25] *W. Wegener*, Radiometrische Kontrollverfahren in der Textilindustrie. Eurisotop, Nr. 76, 1972

[26] *H. Wieczorek*, Dichtemessung durch Radioisotope an Rohrölleitungen. Eurisotop, Nr. 31, 1968

[27] *K. Molojima*, Industrial Applications of Radiation and Radioisotopes in Japan. A/CONF./49/P/827

[28] Statistiques de la Production et de l'Utilisation des Radio-Isotopes dans la Communaute Europeenne. Eurisotop, 1965, H. 2

[29] Radiositope use in France. Isotopes and Radiation Technology 7 (1969) 109

[30] Verwendung radioaktiver Stoffe in der BRD. Atomwirtschaft (1973) 79

[31] Twenty-five Years of radioisotope distribution and utilisation. Isotopes and Radiation Technology 98 (1971) 373

[32] Recent Advences in Applications of Isotopes and Radiation in the United States. Isotopes and Radiation Technology 9 (1972) 253

[33] *I. Jankowski*, Hoher Effektivitätsgewinn durch Isotopen- und Strahlenforschung. Die Wirtschaft (1978) H. 3, S. 22

Использование ионизирующих излучений в народном хозяйстве

А. Н. Майоров

(Всесоюзный научно-исследовательский институт радиационной техники, Москва, СССР)

(D22; F13) INIS DESCRIPTORS:

cost; efficiency; industry; ionizing radiations; radiation sources; radioisotopes; radiometric gages; reviews; tracer techniques; uses; USSR

Достижения атомной науки и техники на современном этапе широко используются на многих предприятиях СССР.

Трудно найти такую отрасль промышленности, где бы радиоактивные изотопы не нашли применения. Методы и аппаратура, основанные на применении радиоактивных изотопов и ядерных излучений, в настоящее время становятся мощным средством технического прогресса.

Применение радиоактивных изотопов в различных отраслях народного хозяйства осуществляется по двум основным направлениям.

Одно из них — это использование изотопов для обнаружения в смеси веществ весьма небольшого количества меченого изотопом элемента (метод радиоактивных индикаторов).

Второе направление основывается на использовании свойств ядерных излучений и их взаимодействии с веществом.

Оба эти направления получили широкое распространение в народном хозяйстве.

Например, радиоактивные инидкаторы используются при определении термодинамических процессов металлургических реакций, при изучении кинетики этих реакций, процессов производства стали, влияния различных факторов на процессы сталеварения, контроля износа футировки доменных печей, быстрого определения содержания фосфора в шламах мартеновских печей и.т.д.

Использование радиоактивных изотопов существенно расширяет возможности экспериментального исследования процесса износа деталей и узлов машин, процессов прохождения смазочных материалов в трущихся частях механизмов и пр.

Другое направление — это использование свойств ядерных излучений и их взаимодействие с веществом — нашло широкое применение для контроля качества изделий сборных соединений, автоматизации технологических процессов в различных отраслях промышленности.

Десятки тысяч радиоизотопных приборов используются сегодня на 15000 предприятиях.

Широкое применение находят радиоизотопные приборы технологического контроля в машиностроительной, горнорудной, металлургической, химической, угольной, строительной и других отраслях промышленности.

Дальнейшее развитие радиоизотопного приборостроения осуществляется по пути создания единой унифицированной системы приборов. Разработаны и производятся приборы третьего поколения на базе интегральной микроэлектроники, микрокомпонентов и микросхем. Около 200 проектных организаций страны закладывают в проекты строящихся и реконструируемых предприятий радиоизотопные приборы технологического контроля.

Чтобы более наглядно представить состояние с внедрением радиоизотопной техники, можно привести наиболее типичные примеры применения их на промышленных предприятиях.

В металлургической и машиностроительной промышленностях радиоизотопные приборы применяются для контроля следующих параметров:

а) уровня шихты в доменных печах, в вагранках, шихтовых материалов в бункерах, краски в емкостях, воды в замкнутых системах охлаждения, жидкости высокого давления в аккумуляторе гидропрессовой установки;

б) толщины листового проката, галванических и лакокрасочных покрытий, листов в потоке, рассортировки листов по толщине, автоматизации наборов пакетов железа статора-ротора электродвигателей;

в) диаметра труб, валов, разностенности труб, размера заготовок в процессе ковки, натяжения ленты при подаче ее в штамп, правильность ориентации заготовок на транспортере;

г) влажность формировочных смесей, шихтовых и строительных материалов;

д) счета предметов штучной продукции, деталей на конвейере, пустой и заполненной тары;

е) блокировки от подачи в штамп сдвоенных листов и заготовок положения детали, инструмента, контроль наличия изделия в пресс-формах;

ж) забивку течек и перегрузочных устройств, трубопроводов;

з) сход и порывы ленты конвейера, вид материала на конвйере, объемной массы сыпучих материалов и плотности пульп и жидкостей в потоке;

и) концентрацию веществ в растворах, границу раздела несмешиваюшихся жидкостей, вязкость жидкых веществ.

От внедрения автоматизированных и поточных линий с использованием радиоизотопных приборов только на одном автомобильном заводе экономический эффект составляет 25,6 млн. руб.; освобождено значительное количество рабочих, от тяжелых и трудоемких операций производства. Так, например, внедрение на автозаводе радиоизотопного вязкозиметра дало экономический эффект 73 тыс. руб. в год. При этом полностью ликвидированы трудоемкие ручные работы по замеру вязкости эмали, значительно уменьшены наросты эмали на стенках окрасочной камеры, уменьшена несколько раз загазованность производственных помещений лакокрасочным аэрозолем.

Автоматизация систем дозирования реагентов на сооружениях по очистке сточных вод с использованием радиоизотопных уровнемеров УР-8 и гамма-реле ГР-6, ГР-7 позволила улучшить качество очистки, сократить количество обслуживающего персонала, снизить расход реагентов. Экономия от внедрения радиоизотопных приборов составляет 7827 руб. в год.

На локальных очистных сооружениях введение в 11 цехах автозавода радиоизотопных регуляторов уровня обеспечило полную очистку стоков от нефтепродуктов. Экономический эффект от внедрения этих приборов составил 2742 рубля.

Внедрение радиоизотопных регуляторов уровня песка в системе пневмотранспорта и при загрузке вагранок в литейных цехах обеспечило безаварийную работу пневмотранспорта и непрерывную работу вагранок в автоматическом режиме. Это мероприятие значительно улучшило условия труда, уменьшило запыленность помещений при загрузке вагранок.

На Невском машиностроительном заводе им. В. И. Ленина, Ижорском, Рязанском и др. заводах, на ковочных прессах установлены радиоизотопные блокирующие устройства СШТ-I. При ковке вала диаметром 630 мм допуск на толщину составлял ± 11 мм, а с внедрением установки СШТ-I осуществляется ковка с допуском ± 4 мм. Это значительно облегчает труд станочников, уменьшает время, необходимое для снятия стружки, уменьшаются отходы металла в стружку.

Тульский комбайновый завод, используя два комплекта гамма-реле типа ГР-6В для контроля и регулирования уровней шихты в вагранках, получил годовой экономический эффект 28 тыс. руб.

Важной задачей металлургической промышленности является повышение рентабельности коксохимических производств, входящих в состав большинства предприятий черной металлургии. На долю коксохимического производства, как правило, приходится около половины стоимости сырья, перерабатываемого металлургическим заводом.

Автоматизация коксохимического производства преследует две задачи:

во-первых, необходимо исключить субъективные факторы при управлении прцессами и обеспечить сочетание максимальной производительности агрегатов с высоким качеством продукции;

во-вторых, необходимо исключить применение ручного труда в первую очередь, при транспортировании продуктов по внутренним коммуникациям, где занято более половины технического персонала коксохимических производств.

Например, только в смолоперегонном цехе одного из коксохимических заводов эксплуатируется 19 гамма-релейных приборов и 12 радиоизотопных следящих уровнемеров. Срок окупаемости каждого составляет 9—14 месяцев.

Комплекс систем автоматического управления и регулирования с использованием РИП охватывает основные технологические потоки смолоперегонного цеха: подача смол из хранилища в сборник Отделения дистилляции и получение среднетемпературного пека; получение и переработка поглотительной, нафталиновой, фенольной, антраценовой фракций. В аглодоменном производстве для автоматического контроля уровня горячего возврата применение гамма-реле ГР-7 дало экономический эффект 43 тыс. руб. в год, а применение гамма-реле ГР-7С для автоматического контроля и дистанционного управления загрузкой бункеров сушильного отделения углефабрики —21,6 тыс. руб. в год.

Применение радиоизотопных плотномеров позволяет осуществить:

— автоматическое поддержание уровня раздела сред ,,смолавода'' в конечном газовом холодильнике цеха химулавливания. Экономический эффект составил 18,0 тыс. руб. в год.

— автоматический контроль плотности сброса оборотной воды в углеобогатительном цехе. Экономический эффект составил 52,0 тыс. руб. в год;

— автоматизация управления выпуском сгущенного продукта из радиальных сгустителей углеобогатительного цеха. Экономический эффект —21,0 тыс. руб. в год;

— автоматическое регулирование бессатуратного получения сульфата аммония в цехе химулавливания. Экономический эффект —65,0 тыс. руб. в год. Высвобождено 3 человека;

— автоматическое регулирование плотности маточного раствора в сатураторах в цехе химулавливания. Экономический эффект —15,0 тыс. руб. в год.

Применение следящих уровнемеров УР-8 позволило автоматически регулировать производительность насосов изменением циркулирующей нагрузки в процессе подачи смолы, поглотительной, нафталиновой и антраценовой фракций.

Радиоизотопные следящие уровнемеры УР-8 и гамма-реле ГР-7С используются также для дозировки промежуточных емкостей и контроля заполения железнодорожных цистерн каменноугольными смолами и фенолятами. Общие затраты на внедрение комплекса систем автоматики в смолоперегонном цехе за семь лет составили 150—200 тыс. руб., при этом срок окупаемости каждой установки колебался от 0,8 до 2 лет.

На самой крупной в мире доменной печи, объемом 5000 м³, завода ,,Криворожсталь'', введеной в действие в девятой пятилетке, смонтировано свыше 100 радиоизотопных приборов. Все приборы входят в АСУ доменной печи. Они контролируют уровень шихтовых материалов в бункерах, забивку течек, определяют вид материала на главном конвейере, сход материала с конвийера и в промежуточных бункерах загрузочного устройства печи, плотность воды, влажность кокса и гранулированного шлака. В конверторном цехе используются 45 приборов для контроля уровня сыпучих шихтовых материалов в бункерах и наличия шихтовых материалов на транспортерных лентах. Экономическая эффективность от 45 приборов — 80000 руб. в год.

На заводе ,,Коммунар'' и ряде др. нейтронные влагомеры ,,Нейтрон-3'' используются для контроля и регулирования влажности агломерационной шихты.

В химической промышленности с помощью радиоизотопных приборов производят:

а) контроль заполения емкости (железнодорожных цистерн) жидким хлором, аммиачной водой и др.;

б) контроль отстоя поваренной соли и осуществление автоматического сброса ее из отстойников жидкого каустика;

в) автоматизацию фасовки сыпучих веществ в барабаны;

г) определение и регулировку плотности серного концентрата и ,,хвостов'' в производстве серы;

д) блокировку завалов пересыпных бункеров на транспортноконвейерных устройствах.

Кроме того, осуществляется контроль: толщины и массы единицы площади пластиковых листов, лент, пленок, покрытий на металле, бумаги, ткани, слоистых материалов и т.д.;

плотности технических растворов, соли, кислоты, добавок, суспензий, взрывоопасных веществ, жидкостей, нефти;

уровня многих жидкостей, твердых и сыпучих веществ, жидких газов и суспензий, пульп в контейнерах и реакторных сосудах, аккумуляторных и ректификационных колоннах; счет количества готовой продукции и т.д.

В схемах контроля и регулирования на Северодонецком химкомбинате используется более 120 радиоизотопных приборов. Использование следящих радиоизотопных уровнемеров и гамма-реле позволило комбинату автоматизировать контроль уровня кислот, заполнения железнодорожных цистерн, подсчет количества мешков с мочевиной. Средний годовой эффект от использования этих приборов достигает 1000 руб. на каждый прибор.

на Чапаевском заводе химических удобрений использование радиоизотопных приборов на участке производства гексохлорбензола (индикаторов уровня) в качестве регуляторов подачи входного продукта дает ежегодную экономию 10,4 тыс. руб. на один прибор.

Эксплуатация 12 радиоизотопных следящих уровнемеров типа УР-8 на контроле уровня серной кислоты в баках при ее хранении и использование радиоизотопных реле типа ГР-6, ГР-7 для регистрации уровня заполнения баков красителями и сульфатом натрия позволяет комбинату получать экономию 20 тыс. руб. в год. Широкое практическое применение в химической промышленности получил метод радиоактивных индикаторов. Этот метод позволяет оценить такие структурные особенности потока в аппарате, как наличие и интенсивность перемешивания, застойные зоны, байпасные потоки и др. особенности, влияющие на распределение времени пребывания вещества в аппарате.

Преимущество радиоактивных индикаторов перед другими индикаторами (солевые растовры, слабые кислоты, красители и т.д.) заключается в том, что они позволяют проводить исследование независимо от вязкости среды и технологического режима процесса, этим самым обеспечивается идентичность свойств индикатора реагента.

Например, при анализе структуры потока в промышленных аппаратах непрерывной полимеризации (АНП) капролактана, реагент в аппарате представляет собой высоко-вязкий расплав. До настоящего времени структура потока в этом аппарате была неизвестна. При анализе АНП в его верхнюю часть в капролактан через дозатор вводился РАИ (коллоидное золото). Исследования проводились на двух аппаратах, что позволило установить некоторое различие в структуре потока и выявить оптимальный для реакции тип аппарата. Полученные данные в настоящее время успешно используются для создания промышленной установки с производительностью, в десять раз превышающей существующие.

Широко внедряются радиоизотопные приборы для автоматизации технологических процессов, на Воскресенском и Новомосковском химических комбинатах. Задачи, решаемые на комбинатах, самые разнообразные — автоматизация работы вакуумиспарителей в цехах фосфорной кислоты, счет готовой продукции, автоматизация уровней на бункерах апатита, определение плотности фосфорной кислоты, автоматическое управление центрифугами и др. На комбинатах разработаны проекты комплексной автоматизации технологических процессов различных назначений. В проектах заложены такие приборы, как РРП-2, ГРП-1, ПР-Й1024, ПР-1025, ГР-70, ГР-60 и др. Экономический эффект от внедрения радиоизотопных приборов на комбинатах в X пятилетке составит десятки тысяч рублей.

На Чимкентском заводе фосфорных солей установлено более 450 приборов для контроля и автоматического регулирования технологических процессов.

Проектные институты Министерства химической промышленности СССР в проектах автоматизации химико-технологических процессов предусматривают широкое использование радиоизотопных приборов.

Радиоизотопные приборы на предприятиях строительных материалов применяются для контроля следующих параметров: плотности цемента, шлака, извести, асбеста, суспензии минеральных частиц, покрытий из минеральной ваты, асбоцементной массы, ненапряженных дорожных бетонных плит, фундаментов, кирпичей.

Толщины асбоцементных панелей, листового стекла и пластмассовых изделий в процессе производства, стеклянных и пластмассовых труб, резиновых лент.

Уровня асбоцементной массы, известковых песчаных и цементных суспензий, гипса, шлама цементной массы в печи.

Расхода сыпучих веществ при учете и дозировании компонентов строительных материалов (цемента, бетона, керамики, кирпичей и т.д.).

Радиоизотопные релейные приборы на камнедробильных заводах используются для позиционного контроля уровня породы в бункерах, для контроля наличия породы на конвейерной ленте и предупреждения о случаях ее обрыва, а также для автоматизации работы бункеров. Использование радиоизотопных реле дало возможность значительно сократить обслуживающий персонал в цехах дробления и сортировки на участках с наиболее тяжелыми условиями труда.

На Карагандинском, Кувасайском, Беловатском и др. цементных заводах радиоизотопные уровнемеры осуществляют позиционный контроль уровня угольной пыли в бункерах, из которых уголь подается во вращающиеся печи, контроль уровня загрузки шахтных печей, урпавляя при этом работой питающих устройств.

В линкрустном цехе Лиспайского пробочно-линолеумного завода с помощью радиоизотопных реле установлен контроль за уровнем древесной муки в промежуточных бункерах и автоматизирована ее дозировка и транспортировка. Автоматизация трех линий подачи древесной муки позволила высвободить часть рабочих и получить только по зарплате экономию 13 тыс. руб. в год.

— на хлопчато-бумажных предприятиях — на сушильных, ворсовальных и др. машинах;

— на комвольных предприятиях — на стригальных, сушильных и др. машинах;

— в полиграфической промышленности — на листорезательных, флаторезательных, печатных и др. машинах.

Экономическая эффективность от применения радиоизотопных нейтрализаторов составляет (не считая улучшений условий труда и прямых удобств для рабочих-станочников):

— на комбинате им. П. П. Щербакова. г. Москва 400 тыс. руб.

— на Наро-фоминском к-те, Моск. обл. 50 тыс. руб.

— на Черниговском к-те хим. волокна 250 тыс. руб.

На Московском Ордена Ленина шелковом комбинате установлено 39 различных типов радиоизотопных нейтрализаторов статического электричества. При переработке лавсанового волокна на чесальной машине этого комбината до установки нейтрализаторов максимальная скорость машин составляла 27 оборот/мин., после установки нейтрализаторов скорость машин увеличена на 40%.

В технологическом процессе производства комплексной стеклянной нити в качестве склеивающего компонента применяют парафиновый замасливатель. Для удаления из ткани излишнего парафина, стеклоткань подвергают отмывке в бензине с последующей сушкой. В помещении, где осуществляется технологический процесс отмывки и сушки стеклоткани, присутствует большое количество легко воспламеяемых паров бензина. Наличие зарядов статического электричества часто вызывало пожары и взрывы. После установки 18 штук нейтрализаторов типа НСЭ-200А и НСЭ-400А искрообразование не наблюдается.

Эффективное снятие зарядов статистического электричества со стеклоткани в процессе удаления с нее парафинового замасливателя позволило взрыво- и пожаро-обезопасить помещение бензомойки.

В производственных условиях часто встречается оборудование, на котором установка радиоизотопных нейтрализаторов в непосредственной близости от наэлектризованного материала практически невозможна, например, у рулонов пленки или резины, т. к. их диаметр непрерывно меняется. В целях устранения указанных недостатков, разработан и исследован опытный образец пневморадиоизотопного нейтрализатора с принудительной подачей аэроионов струей воздуха или любым инертным газом. Как показали экспериментальные данные, пневморадиоизотопный нейтрализатор при радиусе действия 0,5—0,7 м позволяет получить ионный ток не менее 10^{-7} А с заряженной поверхности площадки около 1 м^2, в то время, как четыре стандарных нейтрализатора типа НСЭ-400 в идентичных условиях дают ток порядка 10^{-9} А.

Проведенные теоретические и экспериментальные исследования, а также опытно-промышленная проверка показывают перспективность их применения в ряде производств (в т. ч. и взрывоопасных), где заряды статического электричества могут привести к пожару или взрыву, вызвать брак продукции и оказать отрицательное биологическое водзействие на работающих.

В общем объеме применяемых в промышленности физически неразрушающих методов контроля рентгено- и гамма-дефектоскопический контроль занимает одно из ведущих мест. Гамма-дефектоскопия применяется для обнаружения дефектов: раковин, пор, трещин в сварных, литых и др. изделиях, непроваров и непропоев в сварных и паяных соединениях, расслоений и волосовин в кованных и штампованных деталях и т. д. Гамма-дефектоскопия приобретает особую важность в технологических процессах современного производства. В связи с повышением требований к изделиям ответственного назначения. Особенно важным объектом контроля становятся цельносварные конструкции кораблей, электрических установок, летательных аппаратов, неразъемные сварные и паяные соединения трубопроводов, средства автоматического управления и т.д.

Технико-экономическая эффективность применения гамма-дефектоскопии для контроля качества изделий показывает, что повышается надежность работы деталей, узлов, машин и конструкций; предотвращается возможность возникновения аварий, снижаются затраты труда и расхода материала за счет выявления дефектов на ранних стадиях производства. Средняя годовая экономия от внедрения одного гамма-дефектоскопического аппарата составляет от 2 до 10 тыс. руб. Срок окупаемости одного гамма-дефектоскопа составляет 1—1,5 года.

Ежегодная экономическая эффективность от применения гамма-дефектоскопии в стране оценивается более 20 млн. руб.

Промышленность серийно выпускает:

1. Гамма-дефектоскопы общепромышленного назначения для контроля изделий с различной технологией изготовления, из различных материалов, различных конструкций во многих отраслях промышленности, условиях единичного и мелкосерийного производства — Гаммарид-21 и Гаммарид-25.

2. Гамма-дефектоскопы специального назначения, предназначены для контроля однотипных изделий, конструкций и сооружений более или менее однородных по форме, материалу, размерам (например, сварных стыков магистральных трубопроводов) с повышенной производительностью в условиях крупносерийного и массового производства — Стапель-5М.

Сейчас в стране эксплуатируется более 4000 различных типов гамма-дефектоскопов.

Радиационные головки всех моделей дефектоскопов типа Гаммарид одинаковы, за исключением толщины защитных блоков из урана, установленных в них. Произведенная работа по унификации серийных гамма-дефектоскопов позволила снизить массу аппаратов на 40—50%, создать новую модель аппарата для использования с изотопом иридий-192, активностью до 100 кюри, что способствовало существенному уменьшению оригинальных узлов и блоков, подлежащих изготовлению, а также обеспечила экономический эффект около 600 тыс. руб. на годовую программу выпуска гамма-дефектоскопов. Новые модели аппаратов Гаммарид по своим параметрам, исполнению и техническим характеристикам соответствуют требованиям государственных стандартов, РС СЭВ, МАГАТЭ и УСО, а также не уступают лучшим мировым образцам фирм АГС (Франция), ,,Пикер" — США и др.

Использование изотопных источников нейтронов в нейтронно-активационном анализе привлекает своей простотой и экономичностью. Для определения фтора в геологических образцах является реакции $^{19}F(n; \gamma)$ ^{16}N. Она имеет сравнительно низкий порог реакции (1,5 Мэв), что позволяет использовать для активации импульсные источники различных типов. Короткий период полураспада, 7,4 с, позволяет добиться высокой производительности анализа. Разработана методика нейтронно-активационного анализа фтора в рудах на базе источника быстрых нейтронов с калифорнием-252. При выходе нейтронов 10^8 нейтр/с получена чувствительность 0,05% фтора для навески массой 200 гр. Исследование одной пробы занимает 5—10 мин., в зависимости от концентрации пробы.

В производственной практике очень важен контроль содержания молибдена в молибденовых концентратах и в продуктах их технологической переработки. Для этих целей весьма перспективен нейтронно-активационный анализ, для которого характерен высокая чувствительность и экспрессность, в отличие от химического и спектрального анализов. Облучение исследуемых образцов проводили в канале ядерного реактора ВВР-С с нейтронным потоком $1{,}2 \cdot 10^{12}$ нейтр/(с. см^2). В результате метода нейтронно-активационного анализа получена возможность определить содержание молибдена в молибденовых концентратах и продуктах их переработки с точностью 5—10% и чувствительностью $5 \cdot 10^{-3}$%. Время, затрачиваемое на один анализ, составляет 35—40 мин.

Гидротранспортирование угля и руд получило в настоящее время широкое распространение на вскрышных работах, при добыче открытым способом, подземной разработке полезных ископаемых и т.д. Однако, действующие гидроустановки часто простаивают из-за закупорки трубопроводов, вследствие снижения скорости движения гидросмеси ниже критической. Поэтому непрерывное определение скорости движения гидросмеси является важной промышленной задачей. Применяющиеся методы определения скорости движения гидросмеси требуют нарушения целостности трубопровода для введения внутрь его измерительных элементов. Этих недостатков лишен нейтронно-активационный метод, основанный на образовании в гидросмеси радиоактивной метки (вследствие активации гидросмеси нейтронами) с последующей регистрацией наведенной активности (метки) двумя детекторами, расположенными на растоянии один от другого по направлению движения гидросмеси. По времени прохождения метки расстояния между двумя детекторами определяется скорость движения гидросмеси.

Если первоначально считалось наиболее целесообразным применять активационный анализ для определения микропримесей в веществах высокой степени чистоты, то развитие техники спектрометрии позволило использовать ее для массовых экспресс-анализов микроколичеств в многокомпонентных смесях. Развитие спектрометрии излучений, в особенности гамма-спектрометрии, во многих случаях избавляет от химического разделения элементов. В настоящее время наряду с активационным анализом существуют несколько видов ядерно-физических методов определения элементного состава вещества, основанных на рассеивании и поглощении альфа- и бета-частиц, нейтронов и гамма-квантов, а также различных ядерных взаимодействий этих излучений с ядерным веществом. Поэтому в каждом случае при составлении программ необходимо подходить с учетом возможностей проведения данного вида анализа. т. е. наличия в распоряжении исследователя источников излучения и измерительной аппаратуры.

Поступила в редакцию 5 VI I, 1979 г.

Развитие применения радиоизотопных методов в промышленности

Б. Фридрих[1]), *З. Швайнер*[1]), *О. Штепан*[2])

([1]) Чехословацкая комиссия по атомной энергии, Прага, ЧССР; [2]) Институт по исследованию, производству и применению радиоизотопов, Прага, ЧССР)

В докладе приведен обзор деятельности Чехословацкой комиссии по атомной энергии и ее подчиненных институтов в области использования радиоизотопов и ионизирующего излучения в разных отраслях промышленности. Доклад занимается главным образом применением крупных источников излучения, методами радиоактивных индикаторов и радиоаналитическими методами.

(D22; D23; B14) INIS DESCRIPTORS:

chemical analysis; Czechoslovak organizations; Czechoslovakia; industry; ionizing radiations; radiation chemistry; radiation sources; radioisotopes; tracer techniques; uses

Началом развития исследования радиоизотопов и ионизирующего излучения в ЧССР можно определить вторую половину 50-ых годов, когда начался импорт искусственных радиоизотопов из СССР. Основными местами, которые начали использовать радиоизотопные методы, были Институт по исследованию, произ-

[2]) Адрес: Prag 7, Přístavní 24

водству и применению радиоизотопов, Прага и Институт ядерных исследований, Ржеж под Прагой. Постепенно были основаны и другие лаборатории для работ с радиоизотопами в институтах различных министерств, в институтах Академии наук и высших учебных заведениях. Для подготовки кадров новых специалистов в области ядерной химии и физики был создан в 1955 г. факультет по ядерной и технической физике. В настоящее время в ЧССР применяют радиоизотопы почти 500 лабораторий, из которых одна треть занимается методами использования радиоизотопов для промышленности.

Настоящий доклад занимается особенно развитием использования радиоизотопных методов в промышленности в последние 10 лет.

В 1968 г. Чехословацкая комиссия по атомной энергии заказала в различных исследовательских институтах анализ состояния работ, касающихся использования радиоизотопных методов в мире и в ЧССР с целью определить основные области, в которых будет целесообразным заниматься более подробными исследовательскими работами. На основе этих материалов начиная с 1969 г. было включено в государственный план по развитию науки и техники задание с названием темы: ,,Исследование новых методов применения радиоизотопов и ионизирующего излучения в народном хозяйстве ЧССР". Время решения этой государственной темы было определено на период 1969—1975 гг. по следующим трем направлениям:

1. Использование больших источников излучения с целью объяснения некоторых радиационных процессов с теоретической точки зрения и решения технологической подготовки новых типов производства (радиационный синтез, модификация полимеров и т.п.), а также развития новых методов недеструктивного контроля материалов (дефектоскопия, радиография).
2. Методы меченых атомов с целью разработки методики мечения, применения, а также измерения и обработки результатов (исследование кинетики непрерывных процессов в промышленности, течения жидкостей, исследование коррозии и износа материалов).
3. Радиоаналитические методы с целью разработки методов активационного анализа, рентгенфлуоресцентного анализа, Мессбауеровской спектроскопии и т.д. для использования в промышленности.

В решении этой комплексной темы участвовало всего 38 институтов и лабораторий; большинство из них участвовало лишь небольшими масштабами; итак в общем работало на этой теме около 200 сотрудников с высшим и средним образованием. Координационным центром явился Институт по исследованию, производству и применению радиоизотопов.

Результаты решения были подведены в 260 отчетах и 640 статьях и докладах, зачитанных на конференциях и симпозиумах.

В дальнейшем мы хотим коротко коснуться исследовательских работ в отдельных областях и их внедрения в промышленных предприятиях и научных учреждениях.

1. Использование больших источников излучения

В данной области были решены прежде всего вопросы, связанные с радиационным синтезом, модификацией пластмасс, сшиванием и прививкой, модифицированием дерева, бумаги и неорганических материалов, а также с дефектоскопией материалов.

а) *Радиационный синтез*

Была решена проблема радиационного хлорирования с сосредоточением на радиационный синтез метилхлороформа и бензотрихлорида, к которым проявила большой интерес химическая промышленность ЧССР. Оба эти синтезы были разработаны до уровня опытно-конструкторских работ. Был разработан проект технологической схемы и оптимальных условий для хода реакции и одновременно было разработано технико-экономическое обоснование. Результаты этих работ были переданы предприятиям химической промышленности.

Кроме этих процессов были в области радиационного синтеза исследованы: подготовка булиловогалогенидов, фторированных спиртов и поликарбоновых кислот, которые можно использовать в различных областях химии в виде добавок к детергентам, негорючим жидкостям и т.п.

В настоящее время внедрение этих синтезов в промышленность ЧССР встречается с определенными затруднениями. Причиной этих трудностей является тот факт, что химическая промышленность не готова использовать эти синтезы, если они разработаны только до уровня лабораторных исследований.

б) *Модификация материалов*

В этой области работы развивались в нескольких направлениях. В лабораторных масштабах были исследованы методы вулканизации силиконовых каучуков с целью замены классической вулканизации изоляций кабелей и проводов радиационным способом. Этот процесс был разработан до уровня промышленной установки. В настоящее время строится оборудование для вулканизации кабелей меньших диаметров с использованием советского ускорителя типа ЭЛВ. Одновременно решен принцип радиационной вулканизации фольг для строительства на базе каучука СКЭПТ. Было разработано исследование вулканизации, включая выбора подходящих сенсибилизаторов для снижения необходимой дозы и сделано технико-экономическое обоснование.

Широко исследовались возможности подготовки деревопластических материалов. Решение сосредоточилось на изучение смесей для пропитывания и технологии пропитки на базе ненасыщенных полиэфирных смол и на базе метилакрилатов. В течение исследований одновременно было проведено сравнение с термохимическим способом полимеризации. На основе результатов исследований был разработан проект радиационной технологии производства паркета и других изделий.

в) *Дефектоскопия и авторадиография*

В области дефектоскопии были исследовательские работы направлены на определение условий радиографического контроля оптимальной диференциации дефектов, используя при этом радиоизотопные источники и ускорители электронов. Одним из результатов решения было создание атласа дефектов сварки. Новой областью, которая начала развиваться, является нейтронная радиография для контроля материалов, содержащих компоненты с различной способностью абсорбции для нейтронов.

2. Методы меченых атомов

Из многих областей использования радиоиндикаторов в народном хозяйстве были изучены главным образом методы для использования в химической промышленности, строительстве и гидрологии.

Были разработаны методические принципы процессов для изучения технологических параметров, а также были изучены методы обработки и интерпретации экспериментальных данных (ток материала, гомогенизация компонентов, время задержки, характеристики проточных систем и т.п.). Ряд методов был разработан для использования в строительстве, как например методы для испытания коэффициента эффективности использования строительных машин и оборудования, измерение токов и скорости течения медий в системе отопления, в санитарной и вентилляционной сетях. Большое внимание было уделено измерению эффективности смешивания бетонных смесей путем измерения концентрации цемента, меченого радиоактивным изотопом.

Результаты исследования были использованы при сервисных измерениях в следующих случаях:

- оценка параметров гальванических ванн для золочения
- оценка условий в электролизерах
- оптимизация производства стекла в стекольных ваннах
- оценка технологического оборудования для производства искусственного удобрения
- оценка эффективности смешивания кормовых смесей
- измерение времени задержки твердой фазы в дифузерах сахарных заводов.

Самостоятельной областью использования меченых атомов является исследование износа и коррозии материалов. В рамках этой темы государственного плана научно-технического развития были, например, изучены вопросы износа частей двигателей (кружки поршней, подшипники и т.д.), влияние различных сортов масла на износ, а именно на опытных стендах или на двигателях действующих автомашин. Для измерения после активации материалов были использованы методы гамма-спектроскопии и авторадиографии.

Исследование процессов диффузии с пмощью радиоизотопов — это дальнейшая область проведенных исследований. Были разработаны методики и технологические регламенты для изучения процесса диффузии в металлах, пластмассах, лакокрасочных покрытиях и полупроводниковых материалах. Результатом решения этих исследований было определение ряда коэффициентов диффузии — например, хрома и углерода в стали, воды в полиэфирных смолах, фосфора в полупроводниковом кремнии, методика исследования проникновения воды и водных растворов кислот в различные типы лакокрасочных слоев и т. д.

Большая работа проведена в области использования радиоактивных индикаторов в гидрологии. Было изучено прежде всего движение подземных вод, движение воды в пористой среде, параметры вертикального движения воды в буровых скважинах. Также были методы меченого атома использованы для измерения тока воды турбинами в гидроэлектростанциях, тока воды в плотинах, реках и руслах, для измерения тока воды в заводах очистки сточных вод, в канализации и для многих дальнейших целей.

Разработанные методики были проверены непосредственно при сервисных работах для конкретных заказчиков.

3. Радиоаналитические методы

В различных областях промышленности можно успешно использовать высокую чувствительность и селективность радиоаналитических методов.

а) *Активационный анализ*

Развивались методы активационного анализа с помощью как нейтронов атомного реактора, быстрыми нейтронами из генераторов нейтронов, так и другими частицами и гаммаквантами из ускорителей. Результатом решения была разработка методики определения кислорода, кремния и хлора в стали и их внедрение в сервис металлургических заводов. В области геологии разработаны методики определения элементов горной породы в минеральном сырье, разработаны и внедрены в сервис методики определения меди, цинка, фтора в минеральных материалах. На основе детекции замедленных нейтронов была разработана методика определения урана и тория в сырье.

Для химической промышленности разработана методика определения кислорода, бария и фосфора в химических продуктах и определения азота в органических веществах.

Из других разработанных методик можно отметить определение палладия в катализаторах, цинка и меди в клетках пигмента, мышьяка в крови, а также методы анализа аэрозолов для контроля окружающей среды. Сервис для активационного анализа в настоящее время представляет собой тысячи анализов в год в различных лабораториях и для различных целей.

б) *Рентгенофлуоресцентный анализ*

Вопросы рентгенофлуоресцентного анализа при помощи радиоизотопов были решены главным образом с точки зрения разработки методик и оборудования приборами. Была разработана технология изготовления дифференционных фильтров и универсальной измерительной головки для переносного рентгенофлуоресцентного анализатора.

Для практического применения были, например, разработаны методы аналитического контроля содержания галогенов в лекарствах, метод непрерывного анализа никеля в растворах и суспензиях, определения олова и органо-оловянных стабилизаторов для производства поливинилхлорида, определение цинка в препаратах инзулина и т.п.

Все эти методики проверены на промышленных предприятиях и большинство из них также ими используются.

В области геологии разработаны методики для анализа образцов порошка минерального сырья. Различные импортированные приборы — анализаторы были тестированы для работ в условиях геохимической проспекции. В сотрудничестве с СССР был разработан прибор для многоэлементного рентгенофлуоресцентного анализа с полупроводниковыми детекторами.

в) *Мессбауервоская (гамма-резонансная) спектроскопия*

В рамках решения данной темы были созданы и оснащены лаборатории для гамма-резонансной спектроскопии, и таким образом создана методическая и экспериментальная база Мессбауеровской спектроскопии. Результаты решения были применены для изучения свойств ферромагнетических материалов и для определения свойств жестей трансформаторов, для оценки физического состояния минерального сырья, содержащего железо и т.п.

Положительные экономические результаты решения этой темы государственного плана развития науки и техники „Исследование новых методов применения радиоизотопов и ионизирующих излучений в народном хозяйстве" имеют прежде всего характер экономии собственных расходов у тех, которые используют разработанные методы новой техники. Из сравнения всех экономических вкладов и расходов на решение вытекает, что на одну крону израсходованных срегств на исследовательские работы было получено в среднем около пяти крон вкладов.

Результаты и развитие методов использования радиоизотопов в период 1969—1975 гг. положили основу к созданию на период 6-го пятилетнего плана (1976 го 1980) нескольких монотематических задач, которые имеют более конкретные цели, направленные на внедрение разработанных методов и технологий в отдельные отрасли промышленности и народного хозяйства ЧССР.

Об этих методах, разработанных в последнее время в рамках Чехословацкой комиссии по атомной энергии в области использования ионизирующего излучения и радиоизотопов в промышленности будут докладывать чехословацкие специалисты, которые принимают участие в работе этого симпозиума.

Поступила в редакцию 5 VI, 1979 г

Tagungsberichte

RGW-Symposium über Herstellungs- und Meßmethoden von Referenznormalquellen und -lösungen

An dem Symposium der RGW-Länder über Herstellungs- und Meßmethoden von Referenznormalquellen und -lösungen, das vom 14. bis 19. Mai 1979 in Mariánské Lázně, ČSSR, stattfand, nahmen 54 Wissenschaftler teil. Es wurden 40 Vorträge gehalten.

Das Ziel des Symposiums war die gegenseitige Bekanntmachung mit dem Stand und den Entwicklungstendenzen auf dem Gebiet der Herstellungstechnologien und Attestierungsmethoden von Referenznormalstrahlungsquellen und -lösungen — einschließlich der metrologischen Grundlagen — für die verschiedenen volkswirtschaftlichen Anwendungsbereiche der RGW-Länder. Die Referenten kamen aus Instituten der Isotopenforschung, -herstellung und -anwendung, wie dem IBJ[1]) Swierk, IFIN[2]) Bukarest, Radiuminstitut Leningrad und UVVVR[3]) Prag, sowie auch aus metrologischen Staatsinstituten, wie dem OMH[4]) Budapest und dem ASMW[5]) Berlin.

In einer Reihe von Vorträgen mit Übersichtscharakter wurden meßtechnische Ausrüstungen besonders im Hinblick auf Neu- und Weiterentwicklungen vorgestellt, und es wurde auf die in den einzelnen Institutionen angewendeten Aktivitätsmeßmethoden sowie die Verfahrensweise bei der Herstellung solcher radioaktiver Strahlungsquellen und Lösungen eingegangen, die den Status von Referenznormalen besitzen bzw. für die Kalibrierung von Meßeinrichtungen vorgesehen sind.

Ein spezieller thematischer Schwerpunkt waren die gegenwärtigen Grenzen der Meßgenauigkeit bei der Durchführung absoluter Aktivitätsmessungen mit $4\pi\beta$-γ-Koinzidenzmeßeinrichtungen mit Proportional- oder Druckproportionalzählrohr, aber auch mit flüssigen Szintillatoren als Betadetektor wie auch bei relativen Aktivitätsmessungen mit Ionisationskammern.

Plch (Prag) vertrat die Ansicht, daß bei Nukliden mit einfachem Zerfallsschema, bei denen von der Theorie her bei Absolutmessungen der Aktivität eine Meßunsicherheit von 0,01% erreichbar erscheint, infolge zahlreicher, noch nicht hinreichend beherrschbarer apparativer Einflüsse gegenwärtig eine Meßunsicherheit von 0,1% kaum unterschritten werden kann.

Eine Reihe von Vorträgen war Problemen gewidmet, die bei der Aktivitätsbestimmung an Strahlungsquellen spezieller Radionuklide, z. B. Elektroneneinfangsgtrahlern, auftreten. Hierzu gehörten auch Vorträge über spezielle Meß- und Auswertemethoden, wie die Efficiency Tracer Technique und die Extrapolationstechnik. Großes Interesse fanden Ausführungen, die der konkreten Bestimmung der Meßunischerheit, ihrer Minimierung und speziellen Berechnungsverfahren galten.

Die Notwendigkeit, bei der Herstellung von Referenznormalen radioaktive Ausgangsmaterialien höchster Radionuklidreinheit zu benutzen, wurde im Rahmen der Diskussion von Vorträgen betont, die sich mit der Bestimmung von α-, β- und γ-strahlenden Verunreinigungen befaßten. Besondere Aufmerksamkeit fand auch ein Vortrag von *Cholnov* et al. (Leningrad) über Gesichtspunkte zur Sammlung der zuverlässigsten kernphysikalischen Daten, die bei Aktivitätsmessungen oft eine bedeutende Rolle spielen.

Ein Vortrag von *Szörenyi* (Budapest), in dem über die Langzeitstabilität einer für zahlreiche Radionuklide kalibrierten Präzisions-Ionisationskammer berichtet wurde, machte besonders deutlich, welche Vorteile gut kalibrierte Ionisationskammern für die schnelle und zuverlässige Aktivitätsbestimmung von Gammastrahlungsquellen besitzen können, wenn — was leider nicht immer der Fall ist — eine hohe Radionuklidreinheit der zu messenden Quellen und Lösungen vorausgesetzt werden kann.

In Diskussionen kam zum Ausdruck, daß die hier praktizierte Form des direkten Erfahrungsaustausches zwischen Spezialisten auf den Gebieten der Metrologie von Radionukliden und der Herstellung von Referenznormalquellen im Hinblick auf die Ausarbeitung neuer oder verbesserter Meßmethoden und neuer Herstellungstechnologien als sehr wertvoll anzusehen ist. Hierauf Bezug nehmend wurde festgestellt, daß es zweckmäßig ist, zur vorliegenden Thematik derartige Symposien in Abständen von vier bis fünf Jahren durchzuführen.

Eingegangen am 5. 7. 1979

E. Schönfeld

[1]) Instytut Badan Jadrowych (Institut für Kernforschung)
[2]) Institutulde de Fizica si Inginerie Nucleara (Institut für Kernphysik und -ingenieurwesen)
[3]) Ústav pro výzkum výrobu a vyuziti radioisotopu (Institut für die Erforschung, Herstellung und Anwendung von Radioisotopen)
[4]) Országos Mérésügyi Hivatal (Staatliches Amt für Meßwesen)
[5]) Amt für Standardisierung, Meßwesen und Warenprüfung

L. Jankowski

On the Efficiency of the Use of Isotopes in Industries (*in Russian*)

Isotopenpraxis **15** (1979) No. 11, p. 353 to 360
2 Fig., 4 Tab., 33 Ref.

Technologies, methods and instruments of isotope technique as well as their use in national economy, in particular in industries, are the result of vast activities in the fields of research, designing and primary manufacture. The efficiency of the application of isotope technique, especially its economic efficiency, depends both on the extent, to which this technique is being introduced, and on the average economic effect per unit (instrument, method, or technology) applied in various branches of national economy. By comparison of the costs of investigations conducted in the field of isotope and radiation techniques, as well as of the total economic effect gained in a series of countries, the general economic efficiency of isotope investigations was determined. The analysis of the structure and dynamics of the said efficiency coefficient as arrived at in the various countries over a long period was the main subject of the present work. The determination of the general economic efficiency of a whole branch of scientific research performed with the aid of the developped system with regard to isotope investigations in a series of countries renders possible drawing conclusions as to the state and trends of these investigations on an international level. It may serve as a good basis for decisions to be taken with regard to the science policy of countries.

A. N. Mayorov

The Utilization of Ionizing Radiation in National Economy (*in Russian*)

Isotopenpraxis **15** (1979) No. 11, p. 361 to 365
– Fig., – Tab., – Ref.

B. Friedrich, S. Schwainer, O. Stepan

Development in the Application of Radiotracer Methods in the Industries of the ČSSR (*in Russian*)

Isotopenpraxis **15** (1979) No. 11, p. 365 to 368
– Fig., – Tab., – Ref.

In this report, a survey on the activities of the Czechoslovak Atomic Energy Commission and its institutes with regard to the utilization of radioisotopes and ionizing radiation in various branches of industry is presented. It covers above all the use of high-radiation sources, radiotracer techniques and radioanalytical methods.

Meetings

Isotopenpraxis **15** (1979) No. 11, p. 368

Л. Янковский

Об эффективности применения изотопов в промышленности (*на русск. языке*)

Isotopenpraxis **15** (1979) вып. 11, стр. 353 до 360
2 рис., 4 табл., 33 лит.

Технология, методы и приборы изотопной техники и их применение в народном хозяйстве, особенно в промышленности, являются конечными результатами длительной работы в области исследований, проектирования и опытного производства. Эффективность применения изотопной техники и в особенности её экономическая эффективность зависит от масштабов внедрения этой техники и средней экономической эффективности на единицу применяемой техники (прибора, метода или технологии) в различных отраслях народного хозяйства. Из сопоставления затрат на изотопные и радиационные исследования и общего экономического эффекта от применения изотопной техники в ряде стран была определена общая экономическая эффективность изотопных исследований. Анализ структуры и динамики указанного коэффициента эффективности в отдельных странах за большой период времени составляет главное содержание настоящего доклада. Определение общей экономической эффективности целой отрасли исследований, проведённое по разработанной нами методике на примере изотопных исследований в ряде стран, позволяет сделать выводы о состоянии и тенденциях развития этих исследований в международном масштабе и может служить хорошей основой для решений в области научной политики стран.

А. Н. Майоров

Использование ионизирующих излучений в народном хозяйстве (*на русск. языке*)

Isotopenpraxis **15** (1979) вып. 11, стр. 361 до 365
– рис., – табл., – лит.

Б. Фридрих, З. Швайнер, О. Штепан

Развитие применения радиоизотопных методов в промышленности ЧССР (*на русск. языке*)

Isotopenpraxis **15** (1979) вып. 11, стр. 365 до 368
– рис., – табл., – лит

В докладе приведен обзор деятельности Чехословацкой комиссии по атомной энергии и ее подчиненных институтов в области использования радиоизотопов и ионизирующего излучения в разных отраслях промышленности. Доклад занимается главным образом применением крупных источников излучения, методами радиоактивных индикаторов и радиоаналитическими методами.

Совещания

Isotopenpraxis **15** (1979) вып. 11, стр. 368

Kolibri 360 GmbH
Ferdinand-Jühlke-Straße 7
99095 Erfurt, Deutschland
produktsicherheit@kolibri360.de